U0564183

摩挲那些古器
流转经年
熏过的香　浸过的茶
它们去了哪里
痕迹
比生命更长

——题记

吃茶一水间

增订版

王迎新 著

山东画报出版社
济南

图书在版编目（CIP）数据

吃茶一水间 : 增订版 / 王迎新著. -- 济南 : 山东画报出版社, 2025. 4. -- ISBN 978-7-5474-5252-3

Ⅰ. TS971.21

中国国家版本馆CIP数据核字第2025F5Y174号

CHICHA YISHUIJIAN　ZENGDING BAN

吃茶一水间　增订版

王迎新　著

责任编辑　郭珊珊
装帧设计　王　芳
摄　　影　王迎新

出 版 人　张晓东
主管单位　山东出版传媒股份有限公司
出版发行　山东画报出版社
社　　址　济南市市中区舜耕路517号　邮编　250003
电　　话　总编室（0531）82098472
市场部（0531）82098479
网　　址　http://www.hbcbs.com.cn
电子信箱　hbcb@sdpress.com.cn
印　　刷　山东临沂新华印刷物流集团有限责任公司
规　　格　185毫米×260毫米　16开
18.25印张　258幅图　190千字
版　　次　2025年4月第1版
印　　次　2025年4月第1次印刷
书　　号　ISBN 978-7-5474-5252-3
定　　价　78.00元

序

每一种茶都是美丽的

1989年，赴长沙参加中国茶叶研究所编著的《中国——茶的故乡》大型画册的编审会议，针对书中“酒要陈，茶要新”的说法，我在会上提出，“云南普洱茶越陈越香，品质越好”，被与会专家一致通过，给了普洱茶一个新的定义。我推出这个观点其实是早有物证的：早在1978年，巴黎圣安东尼奥医学系临床教学主任艾米尔·卡罗比医生也通过临床试验，证实了云南沱茶有降低血脂、胆固醇的作用。1985年走访香港德信行、南天贸易公司、天生茶叶有限公司、东荣茶叶有限公司、元亨商行、汇源茶行等，亲眼见证了陈普洱茶在香港的品饮与销售，为此我写了专题报告。当时，云南普洱茶在六大茶类里寂寂无名，也只是被很少一部分人在品饮，但对普洱茶的认知已是清晰明了。我也是从那时开始喝普洱茶的，这一喝就是几十年。

因为工作的关系，每年我都要到全国各地茶区考察，到云南的勐海、思茅、临沧、下关等地的茶厂安排生产计划，到各大茶山考察古茶树资源情况。1989年，我带领云南最早的茶艺表演队“云茶苑”参加首届“茶与中国文化”展示周，云南民族茶艺与日本里千家茶道同台表演，并成为唯一入选亚运会特选表演项目的茶艺队，女儿迎新也就是在那段时期接触到茶的。我每次从茶区带回的茶具、茶叶、摄影作品，以及云南少数民族不同的吃茶方法都是我们家里的新鲜话题。

迎新后来喜欢上茶，主持茶叶刊物的编撰，采访了不少老茶人，跑了不少茶山，对茶史、茶性、茶器仔细研究玩味，亲身体验实践，并用文字和摄影来说茶。她不仅说普洱，也说红茶、绿茶、白茶、乌龙茶。因为她觉得，“每一种茶都是美丽的”。对中国传统文化的热爱和对云南少数民族文化的吸纳，使得她对茶饮有了更多的体悟。一方茶席，可以有最古典的元素，也有少数民族的自然质朴，就像那只民国老瓷壶，下面铺就的竟是一方傣族的手工纸，两者本毫无关联，却相辅相成。茶脉茶气，盎然其间。

此次成书，是迎新多年积累的又一次呈现，也是对茶文化的一次有益探索。作为一位从事茶叶工作五十年的老茶人、一位父亲，我是欣慰的。普洱越陈越香，来日她还需要更多的历练。研茶之路，只要有心，就不遥远。

王树文
昆明民族茶文化促进会会长

自 序

敬。

茶以一叶之微，润泽天下。汤汤水水滋润走卒贩夫，滋润贤人雅士。想茶在深山，得雨露而岁发，挟烟云而秀媚，化苦涩纳醇甘，解人心语，破人孤闷，养人身家，何可不敬？

寂。

很多时候，独饮和沉默一样，是人生最为体己的时候。世事多繁芜，唯案前风烟俱静，观茶、观己，举手投足天然自成。偶尔快意酣畅、交契对饮亦是快事，“人散后，一钩新月天如水”，才知一期一会，莫如电光石火，转瞬即逝。唯珍惜当下，静默自省。

不器。

对一件事钟爱浸淫久了，难免流于烦琐的细节与枝末，沉沦于物物的得失，安于营谋眼前的镜花水月，反而忽略了茶间真意。“志于道”不仅是“士”的大道，也是茶人之道。着眼于茶之本味、真味，一瓯在手，即便不能安顿江山，亦可清安身心。

见心。

“见物便见心，无物心不现。”四季轮转，吃茶无数，结缘诸贤，莫不心怀感恩，且敲字为记。

目 录

立春

寒冬将去未去之际，茶饮宜从温暖养胃处入手。陈年普洱茶、乌龙茶、岩茶，汤水厚醇，精气内敛，可驱散一冬寒邪，让身体在春日中慢慢苏醒。

立春，正月节。立，建始也。五行之气往者过来者续于此。而春木之气始至，故谓之立也。立夏、秋、冬同。

东风解冻。冻结于冬，遇春风而解散；不曰春而曰东者，《吕氏春秋》曰：东方属木，木，火母也。然气温，故解冻。

——《月令七十二候集解》

金弹子煮出蜜糖香

“金弹子”

一粒十五年的小沱，被金色的锡箔纸紧紧包裹着，锡箔纸已微微发红，这江湖上著名的“金弹子”看上去更像是一枚远古的赤金扣子。

打开严密包裹的锡箔纸，里面还有一层薄绵纸。躺在绵纸里的小沱茶箐级别很高，尽是披着金毫的芽头。说是金毫，其实十五年前应该是银毫。晒青的大叶茶芽在漫长的日子里曲卷着，银亮的绒毫慢慢从淡黄再到金黄，透纸的茶香纯净得没有一丝杂味，是在昆明带着阳光味道的干燥空气里存放的因缘所成。

烧开的水再滚了一分钟，润茶再注，一水便橙红如落日，苦涩早无踪；二水，陈香中的荷味渐渐浓郁，叶底中还竟有一条返青的芽片；三水，佳景越发明晰，茶汤在口中峰回路转，辨得出细细砂滑舌尖，微有梅子味；四水、五水，厚滑的华彩之乐，一汤之中诸般丰富尽现；六水，艳色始减淡，滋味中庸平和，返青的芽片隐去；七水，似不甘心，稍闷，色味比上泡饱满；八水快到梢头了，像昆曲《游园惊梦》里唱到了“早难道好处相逢无一言”；九水，独饮那一盏甜润。

看盖碗里的茶底仍褐亮润泽，芽条完整，不由动念，煮之？

前日晚煮了两壶瑞草堂2005年的景迈乔木青，高扬的蜜语花香竟转成菌香，是为一趣，众人饮而称奇。当时用的是陶泥壶，以酒精炉慢炖。今天在随手泡里加了三分水，电磁炉火力强劲，稍许，便波涛汹涌，提壶冷却几秒再煮，乳白的水汽从壶嘴口蓬勃冲出，一屋里竟是甜蜜的味道，就像是在元谋老城经过糖厂时空气里那股焦糖香。

煮好的茶汤不过两盏，倾出时已觉汤水浓厚，飘了细细的褐红茶叶末。茶汤烫口，沿盏边浅尝，焦糖香愈浓，再尝，浓滑的茶汤只余淡淡茶味，占了一分半。剩下的八分半，艳稠得有如喝了一小钵广东吃早晚茶时酒楼里熬出的红豆沙羹。

焦糖之香何来？茶芽的内含物质里糖分含量高，陈化后更加丰富，平时用冲瀹之法未得彰显，今日偶尔这一煮，竟把它逼出来了。而“金

弹子”之名江湖上多有争议，有的说是 1992 年昆明茶厂最早研究出冲压模具的试机之作，也有的称是下关茶厂的独创，还有的说是贴着“吉幸”商标在 2000 年做的那几十公斤获奖小沱。

流水今日，明月前身。精选的茶芽、考究的做工、完美的储存加上一段无可复制的长长年月，本是普洱茶的完满之道。妙茶当前，只问英雄出处，倒显得小家子气了。

我且再煮一壶去。

瀹茶记录

用 水：珍茗山泉（经竹炭和麦饭石处理）

茶 品：20 世纪 90 年代『金弹子』熟普洱

瀹茶器：青花釉下彩盖碗

投茶量：5 克

冲瀹法：下投

外 形：褐金、小沱茶

汤 色：琥珀红

香 气：蜜香、蜜枣香

滋 味：厚滑、醇酽

叶 底：有活性、完整

茶 韵：通达婉约

用 香：芽庄线香

香 器：铜香插

肉桂汤里忆终南

2008年肉桂

春至，寒意在空气中还弥漫得紧。开启南山如荠先生寄赠的2008年肉桂，乌黑的条索透着淡淡药香，先生叮嘱过，冬日寒气重，此茶最适宜煮饮，可暖胃养身。

如荠先生于终南山结庐而居，名曰“千竹庵”。先生在此吃茶、念佛、抚琴、会友，采薇东篱下，偶坐为林泉。前两年终南山多雨，秋日天气晴好的时候，先生便将茶拿出来晒晒。晒台是院落里一方古旧的石磨盘，偶尔有友来访，石磨盘也就充作了茶台。土釉的平口盏，盛了琥珀色的普洱或者是幼嫩的安吉白茶，都是幽居的

清心佳侣。

秋天拜访“千竹庵”时，正是长安城的清秋，终南山上溪水如镜，午饭后，把石磨盘洒扫洁净，茶就躺在阳光底下，呼吸着山岚清气，蒸发出雨季吸进的水分，这方法比用炭火复焙更为自然。

取红泥炉起炭用砂铫煎水，蟹眼初起时投茶。竹扇煽火，片刻松涛声清肃可闻，忍不住揭壶盖窥视，只见鱼眼群涌，珠浪般把茶叶卷得上下翻滚，含着肉桂香的水汽蒸腾起来，赶忙盖好壶盖，这香得蕴在茶汤里呢。

五六分钟后，出汤入公道杯，分至柴窑烧制的青花盏里，一时满屋茶香。琥珀色的茶汤酽滑敦厚，唇齿生香。一壶水煎出的茶汤有七八盏，刚好喝得后背与肚腹一片温暖，初春寒气早消散殆尽。想那终南山中，白雪皑皑，茅屋瓦舍皆被勾勒出模样。山径曲折，被踏去些雪痕，正像是飞白的墨迹，“春”字一捺。

瀹茶记录

用　水：珍茗山泉（经竹炭和麦饭石处理）
茶　品：2008年肉桂
瀹茶器：朱泥壶
投茶量：8克
冲瀹法：下投
外　形：乌黑、骨感
汤　色：琥珀金
香　气：干果香、花香
滋　味：厚滑、醇酽、生津
叶　底：有活性、完整
茶　韵：君子之风
用　香：南山如荠先生制『清和』合香
香　器：『惠风窑』手工制红结晶釉瓷品香炉、云母片

蓼茸蒿笋试春盘
人间有味是清欢
立春
有物先天地
無形本寂寥
能為萬象主
不逐四時凋
立春
茶席

花材：立春春盘

瀹茶器：仿越窑执壶

茶盏：青釉莲衣盏

茶品：2023 年蒙顶甘露

雨水

雨水之时，地湿之气渐升，晨时有露，夜有霜。
饮食调养应侧重于调养脾胃和祛风除湿。
茶饮中可加入发散风寒的生姜、温中散寒的桂花。

雨水，正月中，天一生水。
春始属木，然生木者必水也，
故立春后继之雨水。
且东风既解冻，则散而为雨水矣。

——《月令七十二候集解》

细雨慢煎一壶春

姜普洱

两三场雨水过后，露台上的花花草草都醒过来似的，一日日舒展起来。紫竹根冒出了新笋尖，新培了土，才发觉该是用些青苔来覆盖。约了老友上山采青苔，不料归途中老天却落了雨，发梢尽湿，怕是惹了风寒要感冒了。

归家，赶忙取黄姜削皮切成丝，把红糖碾成细末。茶壶里投了六七克熟普洱，任文火慢煎，直至最后滚滚地沸起来，将姜丝放进去煮五分钟，姜香飘荡之时把红糖末也倒将进去。

一碗红浓醇香的姜普洱炮制完毕，趁热喝下一大碗，肚腹里开始热热的，接着后背微微发汗，随着第二碗茶汤下肚，额头上也冒出小汗珠，寒湿气似乎随之蒸腾而去。这姜普洱确实有用，第二天丝毫没有感冒的征兆。

其实，不仅是熟普洱有温中的功效，年份老一些的生普洱用来做姜普洱也很不错。生姜味辛性温，长于发散风寒、化痰止咳，又能温中止呕、解毒，临床上常用于治疗外感风寒及胃寒呕逆，被医家称之为“呕家圣药”。因用干姜制备的姜汁与生姜汁的性能也不一样，所

以煮姜普洱最好用新鲜的生姜。姜汤是民间流传的治受寒良方，把它与茶结合起来，其效神妙。

近年来世间多事，莫不让人觉得生命脆弱，诸君需多多珍惜。与其吃有副作用的速效感冒药，不如取材最古老的茶、姜、糖。况且，这姜普洱一点都不难喝，微辣而回甘，茶香与姜香交融，可得一身温暖。

瀹茶记录

用　水：珍茗山泉（经竹炭和麦饭石处理）
茶　品：2004年茶神熟普洱、生姜
瀹茶器：烤茶罐
投茶量：7克
冲瀹法：下投

外　形：褐红
汤　色：琥珀红
香　气：兰香、姜香
滋　味：醇酽、甜、回甘
叶　底：有弹性、完整
茶　韵：温暖

用　香：老山檀盘香
香　器：青瓷香熏炉

紫陶壶瀹出桂花香

桂花普洱

每年的桂花开时也是茉莉飘香的时节，满城花香袭人。

平日里常见的花茶多是以茉莉花入香，其实适合制作花茶的鲜花还有很多，桂花、玫瑰、玉兰、荷花都可以引香入茶。明代钱椿年撰、顾元庆删校的《茶谱》中说得更为详尽："木樨、茉莉、玫瑰、蔷薇、兰蕙、橘花、栀子、木香、梅花皆可作茶。诸花开时，摘其半含半放蕊之香气全者，量其茶叶多少，摘花为拌。花多则太香而脱茶韵，花少则不香而不尽美，三停茶叶一停花始称。"其绝大多数花茶的制作方法是："……用瓷罐，一层茶，一层花，投间至满，纸箬扎固，入锅重汤煮之，取出待冷，用纸封裹，置火上焙干收用。"这里说的煮，其实应该是隔水蒸茶与花，让水蒸气逼出花瓣里的香气，让茶大口吸之，火焙后又全数储之。

不过，荷花茶的制法却另辟蹊径：于日未出时，将半含莲花拨开，放细茶一撮，纳满蕊中，以麻皮略扎，令其轻缩，次日摘花，倾出茶叶，用建纸烘干收用，不胜香美。这方法也试过，在大理洱海边的荷苞里窨了一宿，第二天取出，幽香天成。只是据说此茶大寒，若不小心喝了肚子痛，须得"炒葵花子一把"解之。

和茉莉花比较，桂花更适合用来窨制普洱熟茶和红茶，枝头采摘下半开的花朵，除去杂叶、碎枝，晒干后装在纱布缝制的小袋里，埋放在普洱熟茶、红茶里，隔夜取出袋子，茶叶里就满是桂花味道了。桂花红茶冲泡时加点糖，甜蜜可口，还有止咳化痰、养声润肺、舒缓肠胃的作用。秋日窨好的桂花茶存在紫陶罐里已近半载，今日刚好一试。

开罐，只觉桂香馥郁，还捎带了一丝蜜香。取建水袁氏手工制紫陶壶，拨入桂花普洱，铁壶煮水，却不润茶。何故？当日窨时，用的是嫩度高、很干净的宫廷散熟普，桂花也是细挑过了。茶味酽，花味俏，但仍以茶香为主。如此君臣，第一泡便可以出饱满滋味，若是用水润而弃之，岂不是可惜。

果然，茶汤红艳，两香交融，盏面偶尔飘起一两蕊金黄，在此春雨微寒之际，恰是温暖体贴的一盏。

瀹茶记录

用　水：珍茗山泉（经竹炭和麦饭石处理）
茶　品：自制桂花普洱
瀹茶器：建水袁运德手工制紫陶壶
投茶量：7克
冲瀹法：下投
外　形：条索细嫩、宫廷级散普
汤　色：红浓
香　气：桂花香、焦糖香
滋　味：甘醇、回甘
叶　底：肥嫩、完整
茶　韵：丰腴
用　香：新鲜桂花
香　器：砚田制手工拉坯青瓷花尊

乱花渐欲迷人眼
浅草才能没马蹄

雨水
茶席

花材：枯荷

茶则：竹茶则
茶针：竹茶针

茶品：桂花普洱

花器：土陶罐、茶马古道老马镫
花材：竹枝

瀹茶器：建水谭知凡制紫陶壶

匀杯：玻璃公道杯

茶盏：青瓷盏
盏托：铜盏托

茶席：手织麻席、冰岛村古木板

水盂：竹根水盂

用香：檀香木条
香器：双耳铜炉
行香法：埋熏法。自大理感通寺法鑫师处学来，檀香粉埋在炉灰中点燃，然后以灰埋之。将檀香木条垂直插入，木条便自下而上闷燃

驚蟄

惊蛰时节人体肝阳之气渐升，阴血相对不足，养生应顺乎阳气升发、万物始生之特性，馥郁的花茶、陈年乌龙茶可令五脏和平，胸怀舒畅。

惊蛰，二月节。《夏小正》曰：正月启蛰，言发蛰也。万物出乎震，震为雷，故曰惊蛰。是蛰虫惊而出走矣。

——《月令七十二候集解》

西灞古镇吃花茶

茉莉散花茶

西灞古镇有一样最出名的东西，不是茶，是豆腐。西灞豆腐质嫩味美是因为这里有一江清妙好水。

古镇畔水而建，江面平缓，水色碧蓝。因为是过年，人们都窝在家里，沿街的店铺大多关着门。细雨初歇，贯穿全镇的仅有的一条街上的石板路，路面湿润光亮，整个古镇里的行人，只有几个像我们这样的摄影者。

几家老茶馆散落在路边，里面却有不少老人在玩长牌，四人一桌，一色的方桌竹椅。那竹椅很有味道，通身以手腕粗的竹筒制成，有及颈的竹靠背，四条椅腿用的则是竹根，节密质韧。用的年头久了，竹节油亮红润。老人们玩得专注，每人手边一只带盖的茶杯放在空闲的竹椅上，往往要赢过一局才端起来呷上一口。

雨又飘起来了，我等索性在茶馆找了张门口的桌子坐下，却不见老板来招呼，提高嗓门问讯，原来茶馆老板娘也在打牌。她搁下手里的长牌来为我们斟茶，近似花毛峰的散花茶，一元一杯，老瓷杯里冲进开水，合盖闷泡。老板娘拎一只竹壳水壶靠在桌边，原来是可以无

限期续水的。两分钟后掀开盖子，热热的茉莉花香随着水雾涌起，花香透齿，水质果然甜美。

平时，喝惯了茶味厚醇的普洱茶，总觉得花茶里的花香并非茶的原味，甚至还扰了茶的本味。但此景此时，寒天冷雨里这样一杯茉莉花茶实在是合情入理。茉莉花素有“理气开郁、辟秽和中”的功效，花茶窨制源于宋朝，始于明，兴于清。明朝钱椿年《茶谱》之“茶诸法”中就记载：“木樨、茉莉、玫瑰、蔷薇、兰蕙、橘花、栀子、木香、梅花皆可作茶。”李时珍也点明过“茉莉可熏茶”。不过，如何在茶与花香之间求得平衡，一直是人们争论的焦点。据说，传统上主张窨得好的花茶就应该花香高过茶香，要不然就被叫作“透素”。倘若是这样，那茶之“真香”又在何处呢？

其实，茶引花香，花增茶味，入乡便随俗，妄想太多非茶味本真。斜靠竹椅，任细雨飘零。捧杯在手，先饱吸一口花香，再饮一口热茶汤，让它在舌面上往返流动，感觉鼻根的花香与汤中茶味愈加浓郁，最后合为一体，待上颚与喉头芬芳四起时，再将茶汤合香咽下，最是美妙。

茶馆里一元一杯的散花茶算不上是花茶中的上品，当下却已然叫我心口舒畅，不知择日再饮一回碧潭飘雪时，可有此景此味？

茶罢出门，寻一家西灞豆腐老店，大啖豆腐宴，麻辣鲜香之余仍有花茶做伴。说起豆腐味美的好水源头，忽又想起，山水养人，也滋养着此间一壶地道人间茶。

瀹茶记录

用　水：西灞本地山泉
茶　品：茉莉散花茶
瀹茶器：带盖瓷缸
投茶量：6克
冲瀹法：下投

外　形：有碎片、级别不高
汤　色：淡黄、明亮
香　气：茉莉花香
滋　味：甘醇、回甘
叶　底：细碎
茶　韵：寒雨蕴香

用　香：无
香　器：无

松烟起时忆北苑

武夷山“龙凤团茶”

“龙团凤饼”的名头颇有些皇家气象，君不闻，宋徽宗赵佶《大观茶论》载：“本朝之兴，岁修建溪之贡，龙团凤饼，名冠天下。”

不过，彼时的“团”与“饼”和现在的大不一样。陆羽《茶经·三之造》里有详细记录：“晴，采之，蒸之，捣之，拍之，焙之，穿之，封之，茶之干矣。”

宋赵汝砺的《北苑别录》也说龙凤团茶的制造有六道工序：蒸茶、榨茶、研茶、造茶、过黄、烘茶。茶芽采回后，先浸泡水中，挑选匀整芽叶进行蒸青，蒸后冷水清洗，然后小榨去水，大榨去茶汁，去汁后置瓦盆内兑水研细，再入龙凤模压饼、烘干。细观龙凤团茶的各道工序，冷水清洗可保持茶叶的鲜绿，但浸泡和榨汁的做法，自然会散失茶叶的部分滋味，茶香也减薄。况且整个制作过程耗时费工，这或许就是促使蒸青散茶出现的端倪。

后世的“龙凤团茶”茶饼中间不再有着玉环般的圆孔，可一一穿之。2006 年在广州茶博会淘得的武夷山戏球茗茶——2005 年精制的“龙凤团茶”饼，大小直径不过三寸，分为生熟二饼，以武夷

山茶为原料，外观与普洱茶的生饼、熟饼很是相似。饼面印压十瓣莲纹，形似古制的莲纹瓦当。生饼条索紧结、细嫩，色泽墨绿。熟者为深褐色。

六年之后的“龙凤团茶”色泽已然转深，滋味如何，不妨请出一试。

红泥炉中起橄榄炭，玉书煨里注入用竹炭和麦饭石养过的山泉水，蒲扇慢摇。候汤沸的间隙，以朱泥小壶侍茶，青花白瓷小盏候饮。一瀹之下，可见盏中色如玛瑙，汤如香蜜，气韵生动。虽与当年的北苑盛饮相去已远，但古风古韵盎然唇齿间。

瀹茶记录

用　水：珍茗山泉（经竹炭和麦饭石处理）
茶　品：戏球茗茶『龙凤团茶』
瀹茶器：朱泥小壶
投茶量：7克
冲瀹法：下投
外　形：饼型圆满，条索清晰；
　　生饼色泽褐绿，熟饼色泽褐红
汤　色：橙黄（生饼）
　　红玛瑙色（熟饼）
香　气：蜜香、烤干果香
滋　味：浓醇、回甘
叶　底：肥壮、完整
茶　韵：中正平和
用　香：沉香散材（隔炭熏）
香　器：自制青瓷品香炉

茶席
惊蛰
春雷催茁仙岩笋
雀尖龙团取次分

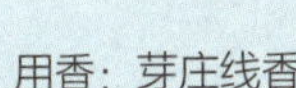

用香：芽庄线香
香器：青瓷盘、老铜香插

煮水器：潮州红泥壶
瀹茶器：民国釉上彩桃花美人瓷壶

茶盏：民国粉彩柴窑烧制釉上彩小盏

花材：李子花
花器：日本古铜提篮瓶

茶品：碧潭飘雪
茶罐：民国琉璃小罐

春分

春分时人体血液正处于旺盛时期，诸病易发。膳食禁忌大热、大寒，方可保持寒热均衡。绿茶性寒，实热性体质者饮之，有清火、醒脑之效。

春分，二月中。分者，半也。此当九十日之半，故谓之分。秋同义。夏、冬不言分者，盖天地闲二气而已。方氏曰：阳生于子，终于午，至卯而中分，故春为阳中，而仲月之节为春分，正阴阳适中，故昼夜无长短云。

——《月令七十二候集解》

一盏北地枯山水 半冬尤吃信阳茶

信阳毛尖

在郑州吃信阳毛尖，玻璃杯中投进细嫩的毛尖，茶汤里很快便漂浮起绒绒细毫，想必是未尽的春茶，汤色淡绿，黄得薄薄的，像是殷墟里那些发黄的玉佩。换过杯，店家说是上品的，汤色带了些绿意，口感也清润几分。几个人看看窗外摇头，店主无奈再换上一杯。嗯，味道正了，甘醇里清香有加，汤色有着雨后田野的明媚和水润，主人说这是当年最好的白露茶。

彼时是冬天，北方的冷是看不见的，太阳明明晃眼，风却刀子般凌厉。北方的树也萧瑟，在灰色的天空下嶙峋得铁画银勾，可堪入画。

在有暖气的茶屋里，捧着杯子喝完那杯毛尖。这样细嫩的茶，带着银丝似的毫，在春天生发，熬过苦夏，在鸿雁归来的白露里褪尽苦涩。细毫遇水便从芽尖上落下，密密混在茶汤里，啜一口轻轻触着唇舌，倒是成了独特的幽密触感。推门走出，那种冷会让人深刻怀念方才那茶的暖意。

后来，带了些信阳毛尖回滇中分送诸友，余下的一罐不舍得喝，放着放着就忘了。某一日，偶然找到再次冲瀹，汤色早从青绿山水转成了淡金册页，原来日子已过去了几个春秋寒暑。瀹出的茶汤毫不意外地稀薄了，那帧北方的枯山水兀自不再谋面。

瀹茶记录

用　水：瓶装矿泉水
茶　品：信阳毛尖
瀹茶器：玻璃杯
投茶量：4克
冲瀹法：下投

外　形：弯曲、显毫
汤　色：淡绿
香　气：豆香
滋　味：鲜润、回甘
叶　底：青绿、柔韧
茶　韵：唇齿留香

用　香：无
香　器：无

蒸青煎茶浅翠汤

蒸青煎茶

长沙围炉兄赴日本问茶，归来携茶、书相赠。书里是幽静的茶亭，茶袋里是上好的静冈煎茶。

前日喜得西泠印社出版的《弘一大师罗汉长卷》，周末闲暇，静日丽好，正好开卷。檀粉起香篆，香篆模子是北方香友 DJ 兄手工制作的，铜钵淘自边境畹町的古物店。细细押好了香灰，炉香乍爇，烟随篆走，长卷一一展开，也算是因缘际会。以前观法师的观音图册，惟妙惟肖，宝相庄严。今日长卷上的百位罗汉，或三五成群谈禅论道，或独自展卷静读，面容虽然和气一团，但也有顽皮的，也有憨厚的，颇有些人间气象。罗汉们的身旁，宝瓶供莲花，香炉生紫云。有几位罗汉最是有趣，围着一块顽石正在树叶上挥毫，题诗？绘春？还是抹一句机锋禅语，然后付与流水，飘零至混沌世间？

今日观卷问香，刚好配这静冈煎茶。弘一法师年谱有记：光绪三十二年，法师丧母后心若浮萍，远赴他乡，考入东京美术学校西洋画科，后来又在音乐学校修习音乐，一去便是六年。法师游学经年，风雅过人，又熟知东瀛风物，煎茶定是饮过的，今日正好一合。

檀烟冉冉，煎茶投在急须里，水沸后稍等片刻，等水温降下来才注入急须，片刻出汤，满盏翠玉，第一口，微微有些海水般的湿润气息。以蒸青工艺做的煎茶，柔和地保留了茶叶的鲜爽和色泽。看那画卷看得入神竟忘了喝茶，再端起喝时，已有些凉了，却另有了几分清凉寒香。法师的《清凉歌》犹在耳边："清凉月，月到天心，光明殊皎洁……清凉风，凉风解愠，暑气已无踪……清凉水，清水一渠，涤荡诸污秽……清凉，清凉，无上，究竟真常！"

篆香烧尽，日影西沉，卷上笔墨朴拙圆满，罗汉们欢喜自在。

瀹茶记录

用　水：珍茗山泉（经竹炭和麦饭石处理）

茶　品：日本蒸青煎茶

瀹茶器：建盏

投茶量：5克

冲瀹法：下投

外　形：扁平薄片状、淡青绿

汤　色：青草绿

香　气：海藻香、青茶香

滋　味：鲜润、清新

叶　底：叶片薄而柔韧

茶　韵：安宁自如

用　香：老山檀盘香

香　器：老铜钵

春分茶席

瀹茶器：砚田手绘青花盖碗
匀杯：天予窑公道杯
茶盏：颜玉窑花神素杯
茶针：自制紫竹茶针
匙搁：自制建水紫陶茶针座
茶则：留青阳刻茶则

煮水器：铸铁壶

花材：梨花、卵石、青苔
花器：砚田制敞口碗

茶品：碧潭飘雪（天润、陆洁提供）、
20 世纪 80 年代绿茶“春尖”
（茶语者工作室海琼提供）
瀹茶地：大理洱源梨花岛

清明

清明时节，天气多变，天气晴朗之时，情思高远，最宜怀古抚今。踏青归来，一瓯清平幽远的岕茶堪扫尽平生不如意。若雨雾连连，一瓯蜜香红茶又好似家人的问候，温暖身心。

清明，三月节。按《国语》曰：时有八风。历独指清明风为三月节，此风属巽故也。万物齐乎巽，物至此时皆以洁齐而清明矣。

——《月令七十二候集解》

还试葛岭坞岕茗

葛岭坞岕茶

初夏，拜读南山如荠先生《品饮葛岭坞岕茶》一文，望文生津，因而感叹此茶稀少，滇南茶山虽众，吴越美茶自是有另一番细致风骨，可惜无缘得饮。如荠先生云不久将去湖州，或可探寻岕茶。其间有闻湖州大茶先生三进顾渚问茶，不辞辛劳觅得斫射岕紫笋、葛岭坞岕紫笋，心甚羡之。

端午刚过，便收到如荠先生嘱托、大茶君亲自甑选的十余种吴越茶样及湖笔，尤喜笔身所刻的“一水间”与“琴茶一韵”，字迹颇为清劲。是夜灯下，不舍得试茶，先研墨开笔，迎新不善书，遂临老莲《隐居十六观·孤往》一图。夜未央，小元书纸上墨香流淌，虽念想好茶，可还是按捺住茶心，留待白天冲瀹。

次日逢周末，午后有雨。临窗起炭煎水，窗间凉风阵阵，正好风助火旺，榄香四溢，连棕扇也省了。取谷雨葛岭坞岕紫笋三克，芽叶扁平，细嗅隐有淡栗香与干兰香。本欲以上投法瀹之，忽起一念，欲得妙香，不如降低水温，以下投法冲瀹。

水沸，先烫过茶碗，趁热置茶入空碗，嗅其气息，香愈润泽。稍

瀹茶记录

用　水：珍茗山泉（经竹炭和麦饭石处理）
茶　品：谷雨葛岭坞介紫笋
瀹茶器：宋吉州窑盏
投茶量：3克
冲瀹法：下投
外　形：青绿
汤　色：玉色
香　气：淡栗香
滋　味：甜润、山野韵
叶　底：叶片柔韧、叶梗微褐红
茶　韵：金石韵

后沿盏侧注水，茶芽浮起，片刻吸取水分后又沉落舒展，一芽嫩黄，一叶二叶则如沁翠羽衣。茶梗紫褐，延伸至主叶脉。淡淡茶汤则令唇舌甘润生津，喉间爽利，似可清肺除烦。恰如明末公子冒襄所言：具芝兰金石之性。

陆羽云：野者上，紫者上，笋者上。此茶皆占。可惜，昔日在明清文人案间摇曳的岕茶如今芳踪缈缈，近年虽有恢复，终不复古风鼎盛。大茶君于葛岭坞、悬臼岕和斫射岕探茶寻茶，金沙问泉，拜访世居罗岕的宿儒俞家声老先生，行文写茶，与岕茶结下了一段良缘，我等也得享口唇清福。

一碗茶尽，续水再瀹。感念诸君爱茶之心，更觉肺腑温热，气息舒畅。

一碗吃其香，二碗饮其韵，三碗见淡，后背隐热，已微发细汗。正好笑吟南山如荠先生《茶歌》：“从来此事未分明，短嘴铫子折脚铛。普愿当时心头热，赵州往后鞋底轻。熟煎南山一瓯水，还试葛岭坞岕茗。”

午后双红润慈恩

祁门新红茶

陈年祁门红茶

有人言，好茶不是买回来的。言下不是轻薄商人，而是对茶带了几分可遇不可求的无奈。

某个周末，父亲与母亲依旧一大早去大观楼看花喂海鸥，末了就拐到家里。喝茶、吃饭、打盹、喝茶，周末的正午往往就是这样循环的。这日，父亲手里提了只纸袋，进门来先将袋子塞给我。袋子里是一只边沿磨损得露出了铁皮的茶盒。取出一看，原来是盒祁门红茶，从外盒来看，年份不短了。父亲说这是20世纪80年代去安徽开茶叶会议，当地茶人送的。铁皮盒子封得紧密，用茶锥撬开后，里面是淡褐色薄绵纸折的袋子，包裹着高级别的芽茶，大概因为时日长的缘故，条索更紧致，带金毫的芽头显得更小些，一味干果香特别接近荔枝干的味道。

手边恰好有一盒今年的祁红香螺，是黄山的超哥赠的。超哥性豪爽，喜画雄鸡，每每数笔点染，丹冠乌羽之雄鸡便昂首傲立，颇多江湖豪气；他偶尔也画几只毛茸茸的雏鸡，雀跃可爱，又可窥其天真温情，时人称“黄山鸡王”。超哥知道我与砚田好茶，每每赴滇必携好茶相与。猴魁、毛峰、祁红莫不是当春而发的徽派美茶。今次的祁红香螺也尚未开喝，正好与老祁红来次对冲。

祁红香螺外形卷曲，乌润中密密的金毫显露。水沸后冲入玻璃公道杯中稍稍降温，再冲瀹香螺，出汤之际汤色红亮，甜香高长。

老祁红汤色呈褐橘红，清澈明亮，茶汤香气低回沉着，干果香与蜜香交织，汤感厚滑有胶质感。想起不久前冲瀹的一款 90 年代宜良匡州茶厂出的一级滇红，汤色较这祁红深，滋味里少了蜜香，转为干果香和淡淡的药香味道，饮之肚腹温暖，气息通畅。红茶之陈，其妙可循。

周末午后，就这样，和爸妈在茶案边把茶一道道喝下来，闲话着儿时趣事，说着在儿时记忆里父亲那间茶香盎然的书房。他无意存下来的这些茶，偶尔翻出来便给我一个惊喜。那些沉睡了多年的茶香，谁能想到今时今日我也会深浸其间？执壶分汤，为爸妈又满上两盏陈香，茶案对面，古稀之年的爸妈依旧气色红润，笑语盈盈，做女儿的满怀欣慰。

瀹茶记录

用　水：珍茗山泉（经竹炭和麦饭石处理）
茶　品：陈年一级祁红
瀹茶器：浅绛釉上彩盖碗
投茶量：8克
冲瀹法：下投
外　形：乌黑、显毫
汤　色：褐橘红
香　气：干果香、荔枝干香
滋　味：沉着、内敛
叶　底：褐红、柔嫩
茶　韵：旧梦
用　香：红土短线香
香　器：紫铜小炉

清明茶席

素衣莫起风尘叹
犹及清明可到家

花材：木瓜花

煮水器：铸铁壶“般若”

席布：手织麻布

分茶器：云南手工银勺“握云”

茶品：岕茶（湖州大茶君赠）
瀹茶器：台湾石桥款刘钦莹制兔毫盏

茶罐：20 世纪 90 年代
云南个旧锡茶罐

茶盏：昆明惠风窑鸡蛋杯
盏托：铜盏托

穀雨

谷雨后降雨增多，湿度加大。脾胃旺盛而强健，消化功能亦处于旺盛的状态，是补身的大好时机。讲究『松烟香，桂圆汤』的正山小种和老熟普洱茶对人体有补益之功。

谷雨，三月中。自雨水后，土膏脉动，今又雨其谷于水也。雨读作去声，如『雨我公田』之雨，盖谷以此时播种自上而下也。故《说文》云雨本去声，今风雨之雨在上声，雨下之雨在去声也。

——《月令七十二候集解》

临安古风瀹老普

20世纪80年代中茶熟饼

建水有一种闲散而略带忧郁的气质，那些修茂的竹林背后、老院落的平民味道里，或多或少藏着嵇康或八大山人的遗影。这种气质多少还有些孤傲，然又绝不同于宋玉的“此独大王之风耳，庶人安得而共之”。所以，在建水，就像于坚写的“你家的竹子是我家的窗子前的水墨，我家后花园的桃花是你家前厅的小景”。所以，在建水，你不小心会遇到一个、两个、三个很有趣且有才的人，比如在老庙堂中蓄须独处、潜心陶事的老友向氏进兴。

说起陶，建水紫陶与茶的渊源颇深，早在清末就有紫陶的茶壶和茶罐。建水陶所制的茶壶透气性好，能软化水质，在一定程度上对苦涩味道较重的茶叶有吸附的功效，很适合用来冲瀹云南普洱茶。当日在建水瓦窑村走过几遍，那里的陶作坊里很多人往往一边用自己做的紫陶茶壶大口喝茶，一边在湿润的茶罐泥坯上刻填出一

枝颇带文人画风的莲花。

而建水人喝茶奢侈得很，他们只用大扳井的水泡茶。在静庐里小住的日子，每天早晨有人专门推着木板车送大扳井的水来，然后，从黄昏开始，我们就坐在院落里的长条木桌边一壶一壶地煮，一盏盏地痛快喝到月上紫竹梢。

曾想象过在春暖花开的时候起个大早，在“金临安”“甩”过同样奢侈的大碗菊花米线后，随身带一壶一盏一泥炉，沿着青石板路把建水的六大名井——“龙井红井诸葛井，醴泉渊泉溥博泉”一一访遍，在那些老井旁光滑的青石条上盘膝而坐，用这些好水一一点茶，而肩头上是要披一袭本色的棉麻长氅，醉了，便如嵇康那样散发而歌。

也曾与进兴君一起用建水紫陶茶盏与上过釉的瓷茶盏来作比较，用建水紫陶茶壶来泡普洱熟茶和生茶都扬香抑涩，令茶品优点更为彰显；盛上同样的茶汤会发现紫陶盏里的茶汤顺滑甘润。此间奥秘，虽尚无公断，却已是知者先享了。陶的茶罐现在市面上不少，形制以直筒身、矮圆形的为多，很适合用来供拆开后的普洱茶饼做醒茶罐。紫陶的外部抛光后毛孔细密，外面空气中的异杂味道不容易进入，给茶叶提供一个良好的陈化和苏醒环境。

而以文人画在建陶上刻填，外形不过成了器物的表象，而本来是表象的装饰倒一跃成为紫陶文化的延伸及核心，家常器物，也就在那一钩一填里有了文眼，有了画心。

摆开这席茶，我开始怀念青砖碧瓦的古临安了。

瀹茶记录

用　水：珍茗山泉

茶　品：20世纪80年代中茶熟饼

瀹茶器：向进兴制建水紫陶壶

储茶器：建水紫陶罐

一　水：色如琥珀，暗香弥漫，白乳浮盏

二　水：绵醇中正，中腭聚香，两颊生津

四　水：汤感持续，更现绵滑，丹田与后背温暖

六　水：汤感平衡持续，四肢温暖

七　水：汤感滑利，气韵顺畅

十　水：香薄，汤稍淡

十二水：色淡，如夕日临水，甜绵不断

用　香：惠安水沉

香　器：紫砂莲花香熏炉

红袖可添香
细雨携谁隐

野生正山小种

一场春末的雨后，竹枝上还沾满水珠，微风过处，听不见平日里熟悉的竹叶摩挲声。清冷的空气里，忽念起一款红茶“红袖添香”。这茶是济南的静清和兄赴桐木关亲制的。那山野，满布幽篁，野花自在，山溪隐流。山窝里，丛生着野生的正山小种。

为求得淡淡松烟香，静清和兄精选芽叶，又在烘焙时选用上佳松木炭。干茶便有妙曼的玫瑰香，冲瀹后，汤色灿然，一缕松烟味道在花香里温婉芳馨，得“红袖”二字，非为甜媚，而是体贴。书斋苦读，若非懂得体贴的佳人，怎会知晓何时该碎步奉清茗，何时又该颔首细添香？

静兄寻此茶，曾得无韵之诗：饮罢夜雨剪春韭，红袖添香夜读书；孤标傲世携谁隐？竹篱茅舍自甘心。

诗里藏了四个茶，其中的“携谁隐”三个字取得实在感人。或者，一袭青衫携伊人乘槎远去；再或是山林高远，苍翠点点，一条曲折的山径尽头，点了两个白色的身影，谁携谁隐但无妨，总是有了生死相托的信赖和依靠，其间的洒脱快意，与旁人无干。

恰如，“红袖”七水后，喉间舌面的绵绵回甘，自知道，自珍惜，自甘心。

瀹茶记录

用　水：珍茗山泉
茶　品：红袖添香（正山小种）
瀹茶器：紫砂壶
投茶量：7克
冲瀹法：下投
外　形：乌黑、紧密、金毫
汤　色：红亮
香　气：蜜香、果香
滋　味：饱满、活泼、回甘
叶　底：完整、柔嫩
茶　韵：蜜意、如思佩兰
用　香：印尼水沉短线香
香　器：紫铜香插

谷雨

茶席

细雨携谁隐

华食：松茸饼干

茶品：古树红茶

花器：宋代老匣钵
花材：豆蔻天竺葵

匀杯：玻璃匀杯

瀹茶器：银壶“小满”
煮水壶：银壶“松香橼”

茶罐：20 世纪 80 年代个旧锡茶罐

立夏

《黄帝内经·素问·四气调神大论》曰：夏三月，此谓蕃秀；天地气交，万物华实。然『暑易伤气』『暑易入心』，兴味悠长的宝洪茶、十里香茶正是解暑良药。

立夏，四月节。立字解见春。夏，假也。物至此时皆假大也。蝼蝈鸣。蝼蝈，小虫，生穴土中，好夜出，今人谓之土狗是也；一名蝼蛄，一名石鼠，一名螜（音斛），各地方言之不同也。

——《月令七十二候集解》

云台松子宝洪茶

宝洪茶

屋内炒茶院外香，院内炒茶过路香，一人泡茶满屋香。

宜良坝子西侧有山名曰宝洪山，山上有宝洪寺，山脚是宝洪村，村民自古就善于种茶，种的就是歌谣里唱的那香遍四村八寨的宝洪茶。在云南，宝洪茶算是个性独特的异类，关于它的来历也有颇多的说法。有的说，是福建来的老和尚怀念家乡水土茶味，专门带来了家乡茶籽培育出来的；有的说，是老和尚圆寂后从他的坟头自己长出来的；还有人说宝洪茶是从龙井茶的故乡浙江传过来的；而专门从事云南茶叶研究的专家断言，宝洪茶不是外来茶种，它就是云南本土茶。

昔日登宝洪山访宝洪寺，寺院早已一片寂寥。杂草长得茂密，掩住了通往大殿的青石级，院门后的半壁山墙高耸独立，木柱还嵌在土墙里，石柱脚雕刻着鼓形图案。据说这里曾供奉着上百尊铸造精美的巨型铜佛，其中有“千佛万佛归一佛”一尊，佛座莲花由众多小佛组成，形制、铸造为世所稀见。可惜，这些铜佛都在当年大炼钢铁时被熔化了，熔成的铜有五十多吨。废墟中无言的石雕残件述说着昔日的唐风宋韵。

寺前的斜坡上是一片青翠的竹林，六七百岁的老茶树就半掩在竹丛的后面。茶树从底部萌发出多枝分干，最粗的约碗口大小。枝条茂盛，叶形明显细小，新抽出的芽尖最高的才两厘米左右，满披着细绒的白毫，叶片边沿齿纹明显，有着小叶种茶的显著特征。茶树最高处约三米，底部的几根茶杯粗的分枝因为村里孩童的顽皮而被压弯了。同去的云南农业大学茶叶系创始人张芳赐教授、王树文先生一致否定了关于宝洪茶是外来茶种的说法。

张芳赐教授说：云南本来就是世界茶树原产地，三国魏人吴普撰方书《本草》有记："苦菜，一名荼，一名选，一名游冬，生益州川谷山陵道旁，凌冬不死。三月三日采，干。"荼即今之茶，益州即今

晋城，距宜良仅数十公里。汉武帝元封二年（前109），滇王尝羌臣服于汉，汉赐滇王金印，治滇国于益州，益州丘陵山地之茶，抑或是宝洪茶之原种。益州乃典籍所载之中国最早茶叶产地，距今两千一百多年。而我们能查到的浙江产茶最早记载见于东汉末年，“道士葛玄植茶园已上华顶”距今一千七百多年，较益州晚三百多年；福建有茶记载最早为南安县莲花峰石刻“莲花茶襟”，公元376年，比益州晚四百多年。所以当地有茶种不用，反要跑到千里外去福建、浙江引种的这个说法是站不住脚的。

王树文先生抚摸着身边的茶树也作了详细解释：浙江茶种为灌木型，至今还未见乔木、小乔木种的报道；福建的栽培茶种除建阳水仙（中叶）外，罕见小乔木；而宝洪茶原种为小乔木，明代的古茶均为三至五米高的小乔木。按小叶茶生物学与当地生态评估，此树树龄估计在六百年上下。滇中是云南大叶茶、小叶茶、乔木、灌木株型的过渡区，小乔木小叶茶，为生态过渡型特征，品种特点就证明了宝洪茶是云南的本土茶种。

据此分析，坊间传说的所谓引种一说，应当指的是从寺外引种到寺内、寺周，而并非由福建、浙江引入宜良。仔细观察面前的古树，主干明显，树高三米左右，直径二十多厘米，分枝高近八十厘米，应属典型的小乔木。

古稀之年的宜良茶厂老厂长张文彬先生说：宝洪茶属高香型茶树品种，香气高锐持久。鲜叶采下一两小时后就开始散发出花香，此香绵绵不断，炒制后仍然不减。春天在宜良看张文彬先生亲自炒过两锅新茶，记忆特别深刻。一百四十度左右的锅温下一双厚实的手掌上下翻飞煞是好看，我好奇地把手伸到锅边上摸摸，马上被烫得缩了回来。炒茶不易，植茶、护茶更不易。新出锅的宝洪茶，外形扁平光滑，苗锋挺秀可人。拈一小撮，在玻璃杯中以下投法冲泡开来，汤色碧亮，轻嗅香气，馥郁芬芳，尝之味鲜而爽口，有龙井茶之甘润，更比龙井茶多了几分奇香。

宜良坝子水土丰美，百姓自古富裕安康、安逸闲适，同时也是个文采飞扬、才子云聚的宝地。坊间流传着许多文采斑斓的诗歌与文章。关于宝洪茶最为引人遐想的一首诗，是清康熙年间大理府赵州（即今

大理市下关、凤仪及弥渡县一带）诗人王佐才以传统《竹枝词》格律写就的：“红薯绿芋紫姜芽，绝胜东陵五色瓜。别有清供诗料品，云台松子宝洪茶。”

入晚，在宜良群文茶艺馆的院落里，一树树茶花奇芳竞放，童子面、松子鳞、抓破美人脸正静悄悄地半吐花蕊，月白色的缅桂花偶尔飘出一袭清香，和着杯中的宝洪茶香，让人酽酽地不饮而醉。

本图摄影 杨芸惠

瀹茶记录

用水：宜良宝洪山山泉
茶品：宝洪茶
瀹茶器：玻璃杯
投茶量：5克
冲瀹法：下投

外形：扁平、紧密
汤色：淡黄绿、透亮
香气：高花香
滋味：饱满、灵动、回甘
叶底：完整、柔嫩
茶韵：旷远、高古、怀香

用香：缅桂花
香器：瓷碟

喝茶要喝十里香茶

十里香茶

“吃水要吃吴井水，喝茶要喝十里香。”

一句民谣，展开了一卷昔日昆明人的“古寺山门吃茶图”：冬末腊月，昆明通往京城古驿道路边的归化古寺，古山茶绿肥花艳。山门外的长亭里不乏送别的人。身荷书卷赶考的书生，到远方赴任的官员，正与牵挂的老母亲、含泪的娇妻幼儿一一话别：“鸳鸯梦断彩楼空，马首萧萧故向东。归化寺前多少泪，年年三月蜀茶红。”归化古寺里却又是一番清闲景象，古山茶树下，多的是摇头晃脑、吟诗唱和的文人墨客。青石桌上，一盏盏茶汤清澈透亮，香清幽远，这便是昆明的十里香茶。

十里香茶是云南一个优秀的中叶种名茶，自古与太华山（西山）太华茶和宜良宝洪茶并称为昆明历史名茶。昆明处低纬度高海拔，有着供中小叶名优茶生长的优越的条件。自唐代在昆明就有栽培，明清曾作为云南的贡茶上贡朝廷。在历史上，昆明东郊金马镇的十里铺曾有几十亩茶园栽种，老昆明城里还有专门卖十里香茶的茶馆。十里香茶因具有特殊的花香，外形条索紧秀，色泽绿润，滋味醇和回甘而得名。后来由于时局的动荡不安，云南解放前十里香茶已濒临灭绝。20

世纪 90 年代，云南农业大学的张芳赐教授等人重新培育出十里香茶，经过多年的育苗、扦插，消逝已久的十里香茶才又枝繁叶茂起来。

2007 年，在龙泉镇雨树村十里香种植园地拜访张芳赐教授，坐在茶园简朴的办公室里，老教授冲泡了一壶当年采下的十里香茶。因为十里香茶正处在扦插育苗阶段，新发的芽头都留下来作为扦插的枝条，一般舍不得把它们采下来，今年也只做了几两，因而这一泡茶就显得更加珍贵了。

吃茶后我们来到茶园，只见小山坡上一垄垄排列整齐的茶树青翠葱茏，新萌的茶芽披着细细的白毫，在阳光下煞是好看。张芳赐教授轻轻摘下一小撮茶芽递给我。凑近鼻尖闻了闻，是一股清新的幽香，这香与其他茶鲜叶的香大不同，如山野花香，还混合着淡淡的蜜味。“炒制之后，它的香味更悠久独特。”张芳赐教授笑眯眯地说。他把这一小撮茶芽装在小纸袋里送给我，回到家里，我从摄影包里把它轻轻掏出来，茶芽青翠依旧。我又深深地嗅到了那来自山野、混合着淡淡的蜜味的花香，这味道来得比白天更加浓郁而芬芳。

几年后，十里香茶的种植面积已扩大了几倍，每年也有了一点产量。2010 年在升庵祠举办“无上清凉云茶会”第二辑“品夏”时，张芳赐教授携当年的春茶相助，让参会的八个茶席、五六十位品茗者都尝到了这历史名茶的芬芳。

闲暇时，再冲瀹一瓯十里香茶，嗅着那幽幽的气息，莫不感慨世间万物的沧桑变迁。吟孔子之《猗兰操》：“习习谷风，以阴以雨。之子于归，远送于野。何彼苍天，不得其所。逍遥九州，无有定处。世人暗蔽，不知贤者。年纪逝迈，一身将老。伤不逢时，寄兰作操。”一代名茶曾如幽兰在谷，但终得造福人间，滋养百姓，幸也。

瀹茶记录

用　水：珍茗山泉（经竹炭和麦饭石处理）
茶　品：十里香茶
瀹茶器：华宁陶手拉坯碗
投茶量：5克
冲瀹法：下投
外　形：扁平、紧密
汤　色：淡黄绿、透亮
香　气：高花香、兰香
滋　味：清润、甘
叶　底：饱满、灵动
茶　韵：幽兰在谷、清云出岫
用　香：十里香茶鲜叶（萎凋2至3个小时后的十里香茶鲜叶花香盎然，置于茶案可嗅）
香　器：陶碟

用茶：筇竹竹针（自种）

瀹茶器：法门寺唐代琉璃盏（复刻）

煮水壶：银壶“游山”
分茶器：银勺“握云”

花材：竹、中华木绣球
花器：宋代老匣钵

供像：迎新制茶圣陆羽像

小满

小满时节，万物繁茂，黄河以南到
长江中下游地区气温上升，
人体消耗也为二十四节气中最多者，应及时补益。
饮陈年茶膏可消食、解暑，令暑天无虞。

小满，四月中。小满者，物至于此小得盈满。
——《月令七十二候集解》

梨花地炎凉一盏茶

福寿山乌龙茶

大旱年出城往西，一路尽见田园枯黄，树木委顿。

过楚雄至大理，山水才渐有绿意，然点苍山似蒙着一层厚厚尘埃，不复清灵毓秀。唉，虽有一池洱海，不足以解大理坝子之渴。

直到进了洱源茈碧湖，心头才舒坦开来。此湖四周环山拥翠，水蓝如静玉，湖中有岛，岛上世居百户人家，五百年前植得梨树数百株。正是春来花开，一湖碧水滋养得古树草木依旧可以不问世间炎凉。

乘船登岛，未至岸边就见一树树梨花白云般拥着村庄，活脱脱就是一座懒云窝。

不知村民的先祖们在五百年前是如何寻到这样一个地方，为避战乱还是厌倦了大理国的繁华？而今，这梨树已有十几丈高，散落在屋前屋后。有的梨树下拴着奶牛和马匹，牛们晒足了太阳干脆就躺下打着盹，午后的梨花村一片静谧。

在梨树下的草庐中设琴茶席，熏风阵阵，把梨花瓣洒落在手工麻织就的茶席布和仿汝窑茶盏间。昨夜月下，在桃花坞喝的是家藏的20世纪80年代南糯山古树小砖和80年代省茶叶公司的“黛玉茶”，一生一熟，生茶汤色橙金，梅子香韵意犹未尽；熟者敦厚温婉，齿间似有米汤般的软糯。

今日，一壶峨眉雪芽，一泡福寿山，配仿汝窑荷盏，清汤素水，以应春意。

峨眉雪芽是从峨眉山的风雪中背回来的，福寿山是远方朋友所赠，每每无功受赠，心下颇不安。得此好茶，独享不如与友分享来得更欢喜。淡黄的茶汤盛在盏中，茶水交融，生香发津。

茶过六巡，众友四散去，骑马的骑马，拍照的拍照，子珺在树下练琴，我拖三张竹椅拼成了条躺椅，闭目半躺，竟小睡过去，偶尔睁眼，

晴空为底，满目皆梨花点点，此间何世？似有熟悉的过往，又叫人惑为梦中所见。

黄粱未熟，《乌夜啼》《平沙落雁》《流水》一曲曲在耳边淌过，这琴，抚得松弛，听得随性。有花瓣落在腮边，嚼一嚼，无香，却藏了一丝甘甜。不知何时，一条黑狗也卧在椅旁酣睡，那花瓣落了它一身，黑地缀银雪煞是好看。于它，可只是平常。

今日在此间，水丰林美，可几十里外，炎渴的煎熬正加之于广袤之旷野，加之于新生之青苗，加之于白发老人，加之于洞穴间之偷生蝼蚁。

幽谷小藏于此，村人初衷求的无非只是个自安自保，盛世乱世，随由它去。可如今山水有难，晴空无情，人不可不问，不可不问自己所贪所求，若大地再屡屡负重，百年后，我们去哪里寻一片梨花地，喝一盅千年古茶？

若田园将芜，“既自以心为形役，奚惆怅而独悲？悟已往之不谏，知来者之可追；实迷途其未远，觉今是而昨非”。可若世间已无“木欣欣以向荣，泉涓涓而始流”，谈何乐天安命，随缘之行休？

思想时，风起，漫天花舞美绝！

端起桌上的茶，凉了，饮而无憾。这一汪梨花茶，弥足珍贵。

瀹茶记录

用　水：茈碧湖山泉
茶　品：福寿山乌龙茶
瀹茶器：晓芳窑梨形壶
投茶量：7克
冲瀹法：下投

外　形：乌黑、蓬松、圆形
汤　色：淡黄绿、明亮
香　气：花香浓郁
滋　味：浓醇、微涩回甘、果胶质丰富
叶　底：厚实、油绿
茶　韵：名门闺秀、俏丽端庄

茶膏记

普洱茶膏

话说那日午后，骄阳如流火，一队原本鲜衣怒马的兵士生生被烤得如同连根拔起的秧苗，早失了水气与锐气，喉咙只在生烟，口腔里似有火苗在溃窜，偏又是一片荒山，过人高的树也难得见着。有的兵士因用了午膳就急急行军，惹翻了五脏庙，只得捂着肚子，脚步越来越缓。

少年将军剑眉紧锁，单手轻勒马缰，白马便稳稳地钉在了路中央。一招手，随队的长髯军医噔噔噔地小跑过来，“啊，司药官，你看当下何药可医？”军医倒一脸坦然，垒石起灶，煮起一锅滚水，从怀里掏出个小布囊，抖落出几粒黑乎乎不圆不方的东西投进锅里，待撤火水静，那一锅清水早煮成了橙黄的汤水，兵卒一人一碗，喝罢。

微涩，微苦，厚浓的茶香，苦尽甘来，喉咙痛的人觉得火气卸去大半，那肚里积食的也觉得五脏像被一只无形的手掌轻揉安抚了一般，舒坦许多。果然神药！

司药官挑眉掀髯一笑：这黑乎乎的东西不是神药，乃茶膏也。

溯源问典

茶膏之妙古来有记，清朝赵学敏《本草纲目拾遗》中说到过“黑如漆”的茶膏，醒酒第一。又说“绿色者更佳，消食化痰、清胃生津，功力尤大也”。以此可知茶膏不止一种颜色。从实际来看，熟茶的茶膏汤水褐红明亮，如同熟茶饼之茶汤色泽。这茶膏之绿，应该指的是泡出后的汤水色泽稍微泛青，是为滇青茶所熬制。

这赵学敏应该是深识茶膏的药效，他说茶膏能治百病，有消食化痰、清胃生津的功效；如果肚腹受寒胀痛了，则用姜汤泡茶膏来喝，喝出汗水后立即就好；口腔溃疡、咽喉上火疼痛，含一小块茶膏在嘴里，过夜即愈。清朝道光年间阮福的《普洱茶记》中，也记录茶膏是云南专供朝廷饮用的“八色贡茶”之一。而当年乾隆帝赐给英使的宝贝中，亦有茶膏八十盒。不过，茶膏并非皇家专用，下至百姓人家、兵丁士卒也是家常的良药。

后来，因多年未见茶膏踪影，有人疑为失传。其实早在1950年，为支援进藏部队需要，云南省茶叶公司就接受了熬制茶膏3500斤的任务，其中分配任务：省公司1000斤，下关茶厂1000斤，顺宁茶厂1500斤，结果共制成4200斤运出。这段历史记载在《云南省茶叶进出口公司志》，书中说，经试验，100斤茶叶，可煎茶膏20—25斤，省茶司每日约熬茶膏15.2斤。同时还详细记录了熬制的方法。

吾父也曾按此法试熬过一回茶膏，把几饼老熟普熬成了液体膏状，唯最后的收膏不是很干燥，至今还装在一只小玻璃瓶里。

不过，公司志记载的炼制法还不算是最繁复的，与旧时云南土司用大锅熬制有相类之处。据载，清代的御茶房炼茶膏有上百道工序，且用料要求颇精，除了指定茶山茶树，还把鲜叶分为天叶、地叶和大叶来择用。茶料也讲究拼配，高等级别的与粗老料适度拼配后，茶膏的口感会提升不少。

巧遇象明古茶膏

茶膏再度复兴后，发扬出不同的品牌，因缘巧合，得存昆明蒙顿和大理巍宝的熟茶膏，一块方的，一块椭圆。方的是巍宝的，上面的字样是“云南普洱茶膏”，过滤定型时纱布的纹路清晰可见；椭圆的蒙顿茶膏刻着藏文的六字真言，两块茶膏都一样的熟香四溢，平时怕它失了水分，就养在水东瓜木盒中静卧。而生茶膏还一直未得饮。

是日，与诸茶友于一水间会饮，象明乡“象明李铁号茶庄”李庄主随友来访，带来一方以象明山古茶树晒青茶熬制的茶膏，长三寸宽一寸，表皮漆亮，微见干燥成型时留的折痕，外包笋叶，竹篾扎之，很具山野原生的味道。当即取少许，以滚水冲瀹于玻璃公道杯中，黑亮的茶膏遇水便粘在杯底，浅褐泛绿的茶汁如烟云散，待汤水均匀后倒出，每人一小盏，这次因在谈话，茶泡得时间稍长了，茶味酽而有涩感，有人喝着嫌重，有人又称刚好，那杯底茶膏小了一圈，冲水再瀹，时间便拿捏得准了。往返三四轮后化至一星黑点，有位老兄忍不住用茶针挑起来尝尝，直说可惜，茶味还浓还可以泡一回呢。

与李庄主攀谈得知，其父曾随远征军出行，为军队熬制茶膏做药。他自小在家头疼脑热也是喝碗茶膏水就发散了。

双盏不同天

日前，贪食桂圆无数，喉咙上火，请出象明茶膏一试。

这看上去近似中药里阿胶模样的茶膏身骨硬朗，用手掰它不动，找来平时充作茶针用的苗银龙头簪。簪头沉甸甸颇有点分量，刚好敲下几粒，选只一百二十毫升的粉彩茶盏，生铁壶烧得滚水，水浸膏体，淡淡的褐色散开，褐中翻开暗绿。这回我不敢泡得太久，看融开了些便轻轻晃动茶盏，使汤水均匀，饮之，晒青茶的熟稔扑面而来，但与纯粹的生茶是很不一样的感觉，多了熬煮的工序，茶劲好像也增加不少，倒有些把泡过的晒青茶煮来喝的风味。三水后泡至淡黄绿色，口中舒坦清凉，腹中也有微微寒意，去火之功或可奏效。奇妙的是，最末的那点茶膏渣子再泡时，茶汤变成了浅淡的玫瑰红色。

兴致再起，翻出那方巍宝的熟茶膏，没想到一冬无雨，春天干燥，茶膏收缩，中间现了一条缝，不一会儿竟碎成几块，也是今日合开此膏。

取二碎粒，投小盖碗，候水再沸后冲瀹，熟茶膏融化得很快，盏中茶汤竟呈内外两圈，内圈红似落日，外圈灿若熔金，入口即化，茶汤滋味稍薄，但香气颇正，甜中还带一丝蜜香，想必熬制的茶料级别不低，汤色透亮并无浑浊，说明浸提和净化萃取的手法老到。

一样的草木精华，由叶至水至凝结成膏，颠覆了本来面目，存留着根底真性，今日一试，却是如孩童般的好奇盈怀，该是那长髯司药官万万想不到的吧。

瀹茶记录

用　水：珍茗山泉（经竹炭和麦饭石处理）
茶　品：蒙顿『红运当头』茶膏
瀹茶器：青花釉里红盖碗
投茶量：3克
冲瀹法：上投
外　形：乌黑、蓬松、圆形
汤　色：红浓明亮
香　气：蜜香、焦枣香
滋　味：甜醇后甘
叶　底：了无踪迹
茶　韵：中正平和

茶席 小满

滇中忆宝洪

席布：手工纸

茶盏：玉盏、老煤窑小盏

花材：牵牛、竹
花器：琉璃瓶

瀹茶器：晓芳窑梨形壶
壶承：老琉璃盘

茶品：宝洪茶
煮水器：银壶、铜炭炉

华食：槐花蒸

芒種

芒种正是草木茂盛生长之时，桃李谷物，开花的开花，挂果的挂果。梅雨随之将至，亦是很多地区的茶人为茶的储存劳心之日。先把通风、防潮都一一安顿妥帖了，再坐下来吃茶吧。

芒种，五月节。谓有芒之种谷可稼种矣。螳螂生。螳螂，草虫也，饮风食露，感一阴之气而生，能捕蝉而食，故又名杀虫；曰天马，言其飞捷如马也；曰斧虫，以前二足如斧也，尚名不一，各随其地而称之。深秋生子于林木间，一壳百子，至此时则破壳而出，药中桑螵蛸是也。

——《月令七十二候集解》

兔毫盏底握云分

安徽太平猴魁

黄山脚下的老街巷陌，古董店和茶叶店平分秋色，太平猴魁、黄山毛峰、婺源仙枝都是名头颇响的美茶。不过，我还是相信，最好的太平猴魁是从山里“淘”来的。

泡太平猴魁宜用阔口大盏，圈足敞口的兔毫天目瓯里，一缕缕猴魁如水里的“青荇”，在盏底招摇，偶尔露出盏底丝丝深褐间杂银白的纹理，云影天光，徘徊一水间。

此时，且赏器，且观茶，五六分钟后，鲜醇如甘露。以银勺“握云”分之，一勺刚好一盏。

“无上清凉云茶会”第二辑时曾以碗撮泡，以一把老铜勺分汤，惜老铜器难免有腥气之嫌，是为美中不足。吾友细致，特定制手工银勺相赠，勺身圆满，一勺刚好一瓯，勺柄顶端饰如意云纹，用之前砚田建议将勺

柄稍稍弯出弧度，估计更为称手。一试，果然如是。

太平猴魁第一道茶香气最妙，滋味尚未完全释放；第二道滋味浓厚，也是“猴韵”最盛之际；到了第三泡虽幽香犹在，但汤感渐薄。天目瓯里身量宽大，太平猴魁在里面宽松舒展，会叫人惦念起徐志摩的那几句诗：“软泥上的青荇，油油的在水底招摇：在康河的柔波里，我甘心做一条水草！”若是用直筒的玻璃杯泡猴魁，又是另一番景象；茶叶顺杯筒直立放进去，把降温后的沸水沿杯沿慢注，茶叶便亭亭玉立，青葱可爱。

猴魁茶汤的鲜醇甘美除与它生长的环境大有关系之外，它的采摘和制作也很有讲究。谷雨开采，立夏止。一芽三叶的鲜叶采回后要“拣尖”，即折下一芽带二叶的“尖头”，尖头要求芽尖与叶尖等长，做出的茶叶才有“二叶抱一芽”的特点。而拣尖时剩下的芽叶和单片，又制成“魁片”。制好的太平猴魁苍绿匀润，两叶抱一芽，平扁挺直，白毫隐伏，叶脉中还会有绿中隐红的现象——“猴韵”。汤色清绿明净。

当年雨中登黄山，云里雾里偶尔看见山的一角，没等你定下神来，此处已白茫茫一片。风过，掀开云雾，那边厢又露出几株古松，真真长得像古画里那么风神俊朗。太平猴魁生长在黄山北麓三门村的猴坑、猴岗、颜家，气候一样的低温多湿，终年云雾笼罩。其间又以猴坑高山茶园所出品质最优，因而市面上的猴魁多打着猴坑所出。

黄山上阴雨绵绵，吾等不能按计划写生，也曾汲泉煮茶，不过因为天寒冲瀹的是老熟茶和岩茶，吃茶，须得应景应身，漫山清寒意，是猴坑里的茶生长的时节，却不是吾等贪杯的良机。芒种前后，滇中一阵细雨一阵晴，放晴时正是吃绿茶的茶时，一瓯猴魁，一把“握云”，与君分舀且忘忧。

瀹茶记录

用　水：珍茗山泉
茶　品：2011年太平猴魁
瀹茶器：石桥款兔毫天目瓯
分茶器：手工银勺『握云』
投茶量：8克
冲瀹法：下投

外　形：扁平、壮实、苍绿
汤　色：淡黄润亮
香　气：幽香
滋　味：甘醇
叶　底：肥厚、柔软
茶　韵：故友相遇、不发一言却相知

用　香：印尼水沉线香
香　器：紫铜小炉

青梅煮茶饯花神

梅子茶

数指算来，已是立春以来的第九个节气，据说民间在芒种素有煮梅和送花神的习俗。偶生茶思，青梅煮茶如何？

芒种前后雨水丰沛，不小心便成了“霉雨”季节。又逢梅子成熟，这“霉雨”就不如叫“梅雨”，还兀自多分雅趣。此间，江南正是梅子熟时，煮梅饮汤，合上些个糖霜，青涩的梅汤化入口中，甜里是醋滋味，酸里是蜜风骨。

说到送花神，不由得想起农历二月二的迎花神。时日不远，那星蕊还初绽在枝丫间，红润绿瘦，有的还尽是些光秃枝条，花却生生现在铁骨上，如晚梅，如早樱，如海棠，是铁画银钩的墨枝，柔无骨的花朵，横竖看都是画境。

小时候，每年的二月二这天，祖母带着我用红皱纸做成一只只简单的小灯笼。两指宽的一条围过来粘成筒形，上面横条提手，下面粘一溜儿流苏，一只小灯笼就做好了。有时，筒形上还铰出漏空的花纹，糨糊是祖母用麦面熬的，香得有点叫人馋嘴，不过那纸很容易掉色，每次总是把手指头染得红红的。我最喜欢的是把做好的灯笼挂到

花枝上去，小红灯笼一挂上去，一二十盆花就热闹起来了，连那些还不到花期的枝干也刹那染上了喜气。

芒种时饯送花神，却是百花将去，花神归位的时候，比起喜滋滋的二月二，有点落寞，有点期待。不过人们还是如同迎花神时一样万般旖旎，不为别的，只为请那花神记得春去春再回，殷勤芬芳满人间。所以，明明是别离也是一样的热闹。像《红楼梦》“滴翠亭杨妃戏彩蝶·埋香冢飞燕泣残红”里：“凡交芒种节的这日，都要设摆各色礼物，祭饯花神，言芒种一过，便是夏日了，众花皆卸，花神退位，须要饯行。然闺中更兴这件风俗，所以大观园中之人都早起来了。那些女孩子们，或用花瓣柳枝编成轿马的，或用绫锦纱罗叠成干旄旌幢状，都用彩线系了。每一棵树上，每一枝花上，都系了这些物事。满园里绣带飘飖，花枝招展，更兼这些人打扮得桃羞杏让，燕妒莺惭，一时也道不尽。”

花树下，宝钗、迎春、探春、李纨、凤姐自顾热闹着，黛玉却在那一隅“花谢花飞花满天，红消香断有谁怜？……侬今葬花人笑痴，他年葬侬知是谁？试看春残花渐落，便是红颜老死时。一朝春尽红颜老，花落人亡两不知”！原来，花落人眼，只是照见了各自的心事。

今日寒雨，我且青梅煮茶以饯花神。大理出的青梅子平时是用来泡酒的，现在取来轻轻砸裂了，用铸铁小壶先煮得水沸香漾，候汤稍微冷静，匀入明前龙井，看叶片渐舒，浸透汤汁，再滤出汤水，调上枇杷蜜。酸甜里的茶味若现若离，如花离枝头的隐隐担忧，“春欲归，红消香断有谁怜”？这一饯，望断一夏一秋一寒冬。但愿得，春归处芳菲一路，千山万水香如故。

瀹茶记录

用　水：珍茗山泉（经竹炭和麦饭石处理）
茶　品：明前龙井
瀹茶器：铸铁壶『梅』、民国老碗
投茶量：6克
冲瀹法：下投
外　形：一芽一叶，芽头饱满
汤　色：淡黄明亮
香　气：豆香和梅子香
滋　味：酸甜，回甘
叶　底：柔韧、完整
茶　韵：柔媚可人

芒种茶席

弥远暗香

用香：御香堂弥远药香
香器：惠风窑手工拉坯
三足炉

花器：古铜瓶
花材：无名花

席布：细麻布

煮水器：炭炉、陶壶
瀹茶器：紫砂壶
茶盏：玻璃盏
壶承：莲纹瓦当
茶针：竹茶针
匙搁：青瓷茶针搁
茶台：漆案

茶品：1985 年凤云茶
茶则：竹茶则

夏至

嵇康《养生论》以为夏季『更宜调息静心，常如冰雪在心，炎热亦于吾心少减，不可以热为热，更生热矣』。云南山野间生长的古树茶得天地精气，妙造自然，茶汤虽热，然可得清凉在心。

夏至，五月中。《韵会》曰：夏，假也；至，极也；万物于此皆假大而至极也。

——《月令七十二候集解》

越陈越甜的“螃蟹脚”

景迈山“螃蟹脚”

此螃蟹非彼螃蟹，远离大海，靠近蓝天。昔日登景迈山，和无空兄、默雷君在万亩古茶园里寻寻觅觅，古茶树杆上附生着许多无名的苔藓植物，“螃蟹脚”却很少见。找了很久才发现一两丛附在树干上。

那日晚饭后，在岩罕珍家昏黄的灯光下一群人围坐试泡白天刚做好的秋茶。岩罕珍的父亲岩依勇是景迈村原来的老支书，五十三岁的岩依勇不像我们用小玻璃杯等着公道里的茶汤，他更喜欢用大搪瓷口缸泡一杯浓浓的老黄片，边喝边咕噜咕噜抽着水烟筒。健谈的岩依勇对景迈的掌故如数家珍：他说历史上景迈八个村的老百姓就有采摘景迈古茶的习惯，小时候还见过自己的奶奶背茶去卖。当时的人们用笋叶和竹篮来包装毛茶，一部分茶用人背马驮，到普洱进行交易作为普洱茶的原料。另一部分茶则直接通过中缅边境的洛勐和打洛，进入缅甸，再销到东南亚各国。以前这里的多数茶树上都长着“螃蟹脚”和各种各样的寄生物，人们担心“螃蟹脚”影响茶树生长，就将它扯下来喂牛。后来从景迈卖出去的茶叶中偶尔混了些“螃蟹脚”进去，被外面的人认为是好东西，还把茶饼里有“螃蟹脚”作为景迈茶的标志。

现在，景迈的“螃蟹脚”因为收购价格高、采摘过度而越来越稀少，茶农们开玩笑说采“螃蟹脚”要看运气呢。

当年新采的“螃蟹脚”泡在茶里有点腥味，有人说一壶茶里放两根“螃蟹脚”同瀹，茶汤滋味就会转变很多，这点我倒不太赞同；还有人说用“螃蟹脚”煮的水来泡茶，茶味会变得很好喝。各人的嗅觉、味觉不一样，对茶汤的体味自然也有区别。“螃蟹脚”并不属于茶科植物，只是茶树上的寄生植物，有研究表明它有一定的药效，但性寒凉，对于体寒的人并非适宜之物。

那次去景迈山顺道还又去了勐海茶科所，看了数百种茶树品种。不过，无空兄还是对景迈茶情有独钟，收了不少景迈古茶，也藏了十来公斤纯正的“螃蟹脚”，他给过我一点，我放在玻璃罐子里。几年后，“螃蟹脚”的色泽由浅绿变成了橄榄黄，揭开盖子，竟然有股很甜的蜜香。原来，只知景迈古树茶会在岁月里越陈越香，没发现“螃蟹脚”也会有后期的转化。后来我用这“蜜”转后的“螃蟹脚”和熟茶一起冲瀹，茶汤里增加了厚韵和甘甜滋味，腥味也消退了。此间奥妙，当为大自然和时间的造化之功。

瀹茶记录

茶　品：当年春天之『螃蟹脚』
外　形：形似螃蟹脚爪
汤　色：淡黄明亮
香　气：淡草味、微腥
滋　味：回甘
叶　底：舒展
茶　韵：平和

用　水：景迈山山泉
瀹茶器：紫砂壶
投茶量：6克
冲瀹法：下投
用　香：加里曼丹线香
香　器：紫铜小炉

茶　品：『螃蟹脚』和2003年
　　　　瑞草堂皇宫普洱熟茶
外　形：形似螃蟹脚爪、宫廷级饼茶
汤　色：红浓明亮
香　气：兰香、蜜香、淡药香
滋　味：甘醇、厚实
叶　底：舒展
茶　韵：气运丹田，暖及五脏六腑

冰岛山谷“奇男子”

2008年冰岛古树茶

临沧老友，临沧茶科所李崇兴所长寄来一小袋子茶，袋子上贴了张纸条曰：“冰岛‘奇男子’。”当下电话拨过去，老友告知：此茶乃冰岛村最老的那棵茶树上的茶，今春不过一共采得几公斤，因老树树姿俊伟，茶质丰厚依旧，故被当地人冠以美男子之名。

观此茶，条索长且蜿蜒，色泽墨绿，芽头尽披银毫，轻抚之滑腻如丝缎。有一芽一叶，也有一芽二叶者，断口皆呈马蹄形。嗅之，茶香馥烈。

取6克入盖碗，润茶两遍，再入沸水合盖，微瀹出汤，汤色浅黄绿，因茶农手工杀青，汤底微有细焦末，为求真味，瀹茶一向不用滤网，些微细末倒不影响其本真茶味。入口，香气高昂，汤汁醇鲜厚实，上颚、两颊感觉微苦，近五秒后化开；二、三水汤色愈深，黄绿明亮，滋味更醇厚；

叶片渐渐舒展，柔韧肥壮；四、五、六水持续平衡，苦味隐淡，是茶与水融合得最好的阶段；七、八水色、香稍淡，然甘润尽显；此时再看叶底，见叶质肥厚柔软，叶背隆起，叶脉明显，具典型的勐库大叶乔木茶特性。

冰岛村产茶历史久矣，是云南大叶种茶的发祥地之一，据说最早有文字记载的时间为明朝，而无文字记载的传说更早于明。《双江拉祜族佤族布朗族傣族自治县茶叶志》里，记载当地老百姓对冰岛茶的来历有两种说法：一为当地土司从“古六大茶山”将茶籽带入，一为从景迈山引入。2006 年临沧国际茶学术研讨会上，临沧茶办江鸿键先生的论文《临沧茶资源概况》里说：“明成化二十一年（1485），双江勐勐土司派人引种 200 余粒，在冰岛培育成功 150 余株。1980 年查证时尚存第一批种植的茶树 30 余株。”当时在临沧也听江鸿键先生和茶科所李崇兴所长详说过此情况。

冰岛茶究竟源头在何处，现在尚无定论，但冰岛一带适宜茶树生长的微酸性土壤、年平均 1800—2000 毫米的降雨量、1600—2100 米的海拔、多年平均在 19.5 度的气温，都是优质茶生长的天赋条件，冰岛“奇男子”是这族群里的不凡，就像是山谷里一位桀骜独立的奇男子，外表纯朴俊朗，内里资质天成，中正守和，因历阅风霜，更仁厚有容，这样的男子，可为友、为师；这样的茶，耐读、耐品，更教人需知之、懂之，方不负他！

饮茶毕，开始写此文；此文毕，仍觉口中生津不绝，茶思绵绵。

瀹茶记录

用　水：珍茗山泉（经竹炭和麦饭石处理）
茶　品：2008年春冰岛古树茶『奇男子』
瀹茶器：青花小盖碗
投茶量：6克
冲瀹法：下投

外　形：一芽二叶，条索细长，芽头显毫
汤　色：黄绿明亮
香　气：高蜜香和兰香，冷杯底出兰香持久
滋　味：微苦、涩，饱满，回甘持久
叶　底：柔韧完整，微有焦末
茶　韵：茶韵饱满，如沐山风

茶席
夏至
犹之惠风
荏苒在衣

盛器：民国竹食盒

果盘：景德镇仿古斗彩高足碗

花器：钧窑小方盆“问鼎”
花材：菖蒲

食器：景德镇手工草木灰釉小碗
华食：樱桃酪

匙搁：越窑盏残片

茶品：昆明十里香茶（张芳赐教授提供）
瀹茶器：法门寺唐代琉璃盏（复刻）

小暑

小暑炎热，人易感心烦不安，疲倦乏力，夏季为心所主而需顾护心阳，《黄帝内经·灵枢·百病始生》曰：『喜怒不节则伤脏。』若专注于熏香起炭，煮水吃茶，恬淡平和，可以清心。

小暑，六月节。《说文》曰：暑，热也。就热之中，分为大小，月初为小，月中为大，今则热气犹小也。温风至。至，极也，温热之风至此而极矣。

——《月令七十二候集解》

苦而弥香老曼峨

老曼峨古树茶

好茶不用拆开，隔着绵纸就有极美妙的茶香透出来。一般来说，嗅见这有着纯正阳光气息的晒青味道，这款茶大致就差不了，古树茶饱满的香韵、完满的传统制程悄无声息地用这一缕茶香传情达意，没有这丰厚底蕴的茶，是无法有此力道的。“观自在”的2009年老曼峨小饼就是如此好茶，二百五十克的小饼在掌中沉甸甸，茶香透纸，诱人垂涎。

揭开绵纸，饼型周正完美，压制适度的茶饼很好开茶，茶针自茶饼边沿插进去，听得见条索分离时疏落清脆的声音，完整的条索便一条条明白呈现，粗壮明亮，弯曲显毫。取五克入盖碗，沸水润茶，茶叶很干净，几乎没有浮沫。再入沸水，合盖一分半钟后出汤，汤色金黄透亮，香气饱满。入口，老曼峨独有的苦味霎时重现，以舌尖及上颚最为明显，这苦不是寡苦，也不是密不透风的黄连苦，而是混合着茶香的清苦，半分钟后，苦味如退潮般渐渐隐去，口中留香，两颊生津，喉间舒畅清凉。

为抑苦扬香，接下来的几水在六至八秒内出汤，既保持有前味的苦醇厚实，又保证了后味的清甜素香。有时，吃茶也有点用法国香水的感觉，前调后调变化丰富，层层叠叠次第展开，苦尽甘来，方解其妙。

地处勐海县布朗山深处的老曼峨，原始森林丰茂，气候宜茶，世居于此的布朗人是我国最早的种植茶树的民族之一，植茶、制茶、吃茶的历史都很悠久。老曼峨茶因内质丰厚，也经常被用在拼配中做点睛之用。今日“观自在”之老曼峨，选料精良，揉捻适度，压制有方，确属用心之作！

2008年和“观自在”的黄良、枝红伉俪还有吴涯兄一起访老班章、老曼峨，不顾山路崎岖，在原始森林间寻古茶、嚼新芽，在竹楼上喝老黄片，在老曼峨的村民家吃土鸡、野菜，试茶十来种，体味着茶人的辛苦和观自在做茶的执着。夜色中下山，明月当空，照得漫山遍野的树木清晰若白昼，一路沉浸在老曼峨的浓郁芬芳里。此情此景，仍如昨日。

瀹茶记录

用　水：珍茗山泉（储陶瓮中半日，经竹炭和麦饭石处理）
茶　品：『观自在』2009年老曼峨古树茶
瀹茶器：仿汝窑盖碗
投茶量：8克
冲瀹法：下投
外　形：一芽一叶，芽头显毫
汤　色：金黄透亮
香　气：高蜜香和兰香，冷杯底出兰香持久
滋　味：苦，醇厚，回甘
叶　底：柔韧完整
茶　韵：饱满，苦韵独特

炎炎苦夏
清凉曼松

倚邦曼松贡茶

小暑之际，滇中正是干燥的时候，遂取象明茶庄李庄主赠的2006年曼松小砖与友瀹之。曼松茶甫一入口并不像景迈、老班章那样个性鲜明，但有香有味走中庸一路，茶性平衡，最独特的是它汤水里的清凉香韵，三四泡后在舌面上铺陈出一席清凉。窗外满是炎热，盏间水沸汤热，却吃得甜润可心，安适快意。

去年中秋前夜，偶得闲暇独饮曼松茶，惜茶矜贵，用了只小的朱泥壶，投茶五克，不用公道杯，直接出汤在天目盏中饮之。这种瀹法倒也简单，可得独饮清趣，伴茶的是龚一先生的《良宵引》。茶尽，得句寄友：贪看素月移竹影，懒篆沉檀印如意。一曲良宵弄七弦，般般况味意无尽。吃茶，可分享，可独饮。

近几年，饮茶结缘的朋友不少，也经常收到陌生或熟悉的朋友的赠茶，感恩之际也很有感触，一叶草木，可使散落在天涯各处的人因它而相知、相惜、相信，功莫大焉！半块曼松茶是李庄主所藏的爱茶，因为听我说喜欢便相赠，我又与濮兄等分享；后来与大昌号李东兄说起曼松，又携茶与十来位朋友共瀹分享。那次在大昌号执壶冲瀹，茶汤里的清凉感、茶汤层次的丰富更甚于以往，也是一段茗间佳话。

曼松茶在明清时期因倚邦茶山而闻名，在倚邦本地的茶叶里，以曼松茶味最好。道光年间的《普洱府志》记载：雍正十三年（1735）始，由倚邦土千总曹当斋（子孙世袭降为土把总）负责采办普洱茶。倚邦的曼松茶也就是这个时期被定为贡茶，曼松茶园也成了皇家茶园。据说当年每年进贡的曼松茶"年约百担之多"，《版纳文史资料选辑》里记载曼松茶："靠人背马驮运至昆明……史上昆明市设有曼松茶铺号，其价值比一般的高，故贡茶指名全要曼松茶，各山茶民均得出款统一购买曼松茶叶交纳上贡，造成五山茶民的很大负担。"时至今日，曼松茶还是产量稀少，不再因其是贡茶而珍缺，而是当年那些古茶树在岁月流逝中已所存无几，每每瀹之，便感慨莫名。

瀹茶记录

茶　品：2006年曼松贡茶
瀹茶器：朱泥小壶
壶　承：方见尘先生制老坑歙砚
品　杯：石桥款早期天目盏
茶　则：自制茶则
用　香：沉香阁线香
香　器：旧藏龙泉天青香插、青石片
花　器：哥窑三足炉、紫砂碟
茶　花：青苔、沙漠玛瑙
琴　曲：《良宵引》

万瓦鳞鳞若火龙
一片清凉在盏中

小暑茶席

华食：莲方

花材：贡莲
花器：竹编瓷花器

茶则：荷花瓣
茶品：荷花茶
茶针：自制紫竹茶针

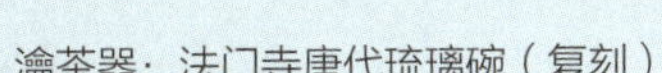

瀹茶器：法门寺唐代琉璃碗（复刻）

茶盏：青玉铃铛杯
盏托：梅花银盏托

分茶器：银勺“握云”

大暑

梅雨过后，酷热交加，但暑主阴，人体易为暑、湿、邪所侵，饮用经过半发酵的乌龙茶、后发酵的普洱熟茶，可驱除暑湿之扰。

大暑，六月中。解见小暑。……土润溽暑。溽，湿也，土之气润，故蒸郁而为湿；暑，俗称龌龊，热是也。大雨时行。前候湿暑之气蒸郁，今候则大雨时行，以退暑也。

——《月令七十二候集解》

兰夜拈香

狮峰龙井

七夕兰夜，三分弯月，四野清朗。

燃烛，起香席，斟清茶两盏，怀古思故。

烧炭浅透，埋入灰中。此时观炉灰，疏松恰如懒云堆，轻压过后，再打上一痕痕香筋，隔云母片置惠安沉慢熏。音响中，大提琴诉出的《玫瑰三愿》尚在如锦缎般铺陈起伏，炉中的蜜蕊气息已悄然浮出，如在“蕊珠众香深处”，又如“梅英半开”。为不扰香韵，茶唯求恬淡，一盏独饮，一盏遥寄。

用香，当年的芸娘曾将“沉速”等香巧用“饭镬蒸透，在炉上设一铜丝架，离火中寸许，徐徐烘之，其香幽韵而无烟”。今日熏法，算是异曲同工。速香，也就是黄熟香，《本草纲目》曰：“木之心节置水则沉，故名沉水，亦曰水沉。半沉者为栈香，不沉者为黄熟香。”《遵生八笺》里的和合香方也时有用沉速香来相配比的。董小宛与她的冒郎曾剥黄熟结制成香丸而熏，取其勃郁氤氲，精妙细微。而芸娘徐徐烘之的，估计该是块状或片状的。

昔日七夕，芸娘也定是弄香如许。乾隆庚子年间，沈三白与芸娘

在沧浪亭畔“我取轩”小住消夏，逢七夕佳期，芸娘设香烛瓜果，与三白在“我取轩”中同拜天孙。三白欣然镌刻“愿生生世世为夫妇”石章二方，一人执朱文，一人执白文，作为伉俪间往来信函之用。

后来，沈三白在《浮生六记》中记下了当时的情景：“是夜月色颇佳，俯视河中，波光如练，轻罗小扇，并坐水窗，仰见一飞云过天，变态万状。芸曰：‘宇宙之大，同此一月，不知今日世间，亦有如我两人之情兴否？’余曰：‘纳凉玩月，到处有之。若品论云霞，或求之幽闺绣闼，慧心默证者固亦不少。若夫妇同观，所品论者恐不在此云霞耳。’”

一对痴儿女，经历着世事的颠沛和家长的责难，沧浪亭畔的日子是他们难得偷闲自由着的好时日。不过，烹茶弄香，于他们是家常事，也是能相知共享的细节。而浮生，就是由这样的细节一点点串成了沧海。

也许，七夕并不应该是很特别的日子，有情的佳偶们该是在一箪一瓢、一朝一夕的体贴与关爱中看着彼此青丝红颜的老去，这是相守，也是亘古的痴迷。

兰夜静，琴音驻，香绵绵，思悠远。

瀹茶记录

用　水：珍茗山泉（储陶瓮中半日，经竹炭和麦饭石处理）
茶　品：狮峰龙井（东莞菘风赠）
瀹茶器：侧把手拉坯壶
投茶量：5克
冲瀹法：下投

外　形：扁平，灰绿
汤　色：黄绿，清澈
香　气：豆香
滋　味：甘润，清洌
茶　韵：盈盈一水间，脉脉不得语
叶　底：柔嫩

子夜冷瀹大禹岭

大禹岭乌龙茶

是夜，无空师兄伉俪和黄师兄来家里吃茶，黄师兄自台湾宜兰过来，携佛书及大禹岭高冷茶相赠。围桌夜话，去岁相聚也在此茶桌畔，时光匆匆，犹如昨日。一年来各人的生活事业都算顺心，遇到恼人的事也能轻轻放下，欢喜心日增。

临别，师兄云：大禹岭用来冷泡风味更佳。

第二天晚上，天气闷热，欲冲瀹大禹岭，想起师兄交代的话，不如冷泡。不过冷泡茶需得静置近十二个小时才出真味，遂取专事冷泡的银碗侍茶。昆明的气候早晚凉正午炎热，算算时间，若一大早喝冷泡茶怕是有些寒凉，最好的茶时是正午及午后。那么在今夜子时投茶，明日正午刚好可饮。

开茶，取出近日要喝的两三泡茶的量装入锡罐，其余的用夹子密封好仍存在原罐。距子时还有一个时辰，继续翻看朋友推荐的《内证观察笔记》。夜深，窗外碗莲的荷叶在风中如清波荡漾，随风似有荷香潜入。

子时将到，轻拭银碗，银碗上手工满刻着龙凤呈祥。银碗新时太过亮堂，用了几年，氧化后表皮微微灰黑，凹进去的线条愈加劲朗，才有了点味道。

银碗来自新华村，在云南大理的鹤庆，那一带是出才子的地方。新华村山明水秀，村民世代以手工银器和铜器为生。村中有作坊数十个，山水间的村庄总是回荡着叮当的敲打声。纯度999的银器以首饰为主，铜器则大多是老百姓过日子用的家什。最喜欢那紫铜、黄铜的器物用小锤子上敲打出来的圆形印记，如今家里用的舀水铜瓢，煮汤的双耳提梁铜锅，储存瓜子、花生的双耳罐，都是从那里淘来的。现在的作坊里，做银的比做铜的多了几倍，器形好工又细的铜器难找了，真是件憾事。

新华村的银器比铜器的工更细致，也好像更有名气，银器可以改善水质，不过导热太快，做壶做盏得有木质的边托才好使用，否则会烫得你的手都端不住。冷泡茶用银器，茶汤的风味比陶器出味。泡的过程中茶叶里的氨基酸先溶出，苦味来源的单宁酸和咖啡因则不易溶出，茶碱对肠胃的刺激也会减少，氨基酸的甜润会形成冷泡茶汤的主韵，香韵不及热瀹的高扬，却自有一番饱含甘润感的入骨冷香，优雅而内敛。器与茶的契合，万千的偶然里又有必然的瓜葛，“挈瓶之智，守不

假器”，也是一种慎独的态度吧。

只是这十二个小时的等候有些长了，不过夜间温度稳定，有益于让茶慢慢而均衡地释放出高冷茶的精华。这一盏里，有海拔两千五百米大禹岭上的云雾雨露呢，这一夜，漂洋过海而来的它们入梦且入盏。

茶滋味，我不说了，在口在心。

瀹茶记录

用　水：珍茗山泉（储陶瓮中半日，经竹炭和麦饭石处理）

茶　品：大禹岭冬茶（清香型）

瀹茶器：新华村手工银碗

投茶量：3克

冲瀹法：上投

外　形：紧结，油润

汤　色：黄绿，清澈明亮

香　气：优雅，花香与果香交融

滋　味：清润，甘洌

茶　韵：如林间晨风，怡人畅怀

叶　底：肥厚完整

大暑茶席

风清泉冷竹修修
三伏炎天凉似秋

茶品：台湾大禹岭冬茶
瀹茶器：云南鹤庆手工银碗
茶罐：云南个旧锡茶罐
花材：竹枝
花器：青竹筒

席布：蓝染手织布
茶针：竹茶针
匙搁：古琉璃珠、琉璃

立秋

《黄帝内经·素问·四气调神大论》云：『夫四时阴阳者，万物之根本也，所以圣人春夏养阳，秋冬养阴。』秋内应于肺，肺在志为悲，悲忧易伤肺，故而以『感通』取其旷达，『攸乐』取其无虑。

立秋，七月节。立字解见春。秋，揫也。物于此而揫敛也。凉风至。西方凄清之风曰凉风，温变而凉气始肃也。

——《月令七十二候集解》

清秋静煎苍洱韵

大理感通茶

老友静慈下大理法真寺静修数日，归来时背回了一瓶寺内山泉。日前刚好得明前梅家坞龙井，又有感通茶样，正好邀友小聚，三五人听闻有品泉之福，忙不迭地踏月而来。

启泉以铸铁壶小煮，首泡的是梅家坞龙井。此茶当日在庆茗园用妙高寺山泉冲瀹，滋味甚是清妙。回家后又以珍茗山泉小试，就感觉混沌了些。不知今夜，在这来自苍洱间的山泉里，青青龙井又会有如何的表现呢？

冲瀹与当日庆茗园中一样采用下投法，玻璃桶身壶中投茶少许，另备玻璃公道杯一只，注入沸泉，候稍降温后注些微入壶，令茶叶身骨滋润，茶香也在此时溢出，随即把公道杯中的水全部倾入，原本平服熨帖的叶片便在泉中一点点饱满，婷婷然活泼起来。

片刻，分汤入盏，众人便都不作声地各自细啜；再瀹出汤，众人痛快饮尽才开颜齐赞好茶。今日此瀹汤水甜润软滑，饮来只觉茗水交融滑喉而下，与妙高寺山泉细微处自有不同。

三水后欲换茶，但看那苗苗嫩芽秀美依旧，又觉得可惜，再瀹却出了水味。原来，瀹茗也有大限，缘分尽时，由不得人殷勤强求的。

次瀹宝洪茶，栗香高扬，滋味厚道，而甘润较龙井稍逊。

再试 2006 年秋感通晒青茶。

春节后曾以无空兄带回的千家寨山泉试感通寺内那株老茶树之茶，茶是 2008 年秋天寺内僧人手工采摘，老方丈躬亲揉制，德天居士远道相赠的。细观只见条索疏散自在，叶色黄绿，山林之香盈盈。枝红伉俪饮后曾记："沸水轻注，果味甜香溢出，汤色明黄；叶片渐展有轻微发酵，口感平和。"与杨凯兄在《从大清到中茶：最真实的普洱茶》一书中所记 1913 年感通寺旁上末乡茶农杨世熙关于感通茶"其色佳美，其味清香，匪特清新解渴，且能止咳化痰，实为茶类中最有特色者"的描述色、味相符。而明嘉靖年间李元阳说的"藏之年久，味愈胜也"，还有待岁月验证。

2006年秋感通晒青茶亦为杨兄所赠茶样，是他探访感通寺后的上末茶厂时所存。今晚正好以苍洱泉瀹苍洱茶。2006年秋感通晒青茶虽名为晒青，但杨兄书中记载：现在的感通茶与当年的制作过程已有巨大差距，称之为“高火晒青茶”，鲜叶进滚筒高温杀青，进揉捻机揉捻，然后晒干。香气接近烘青。冲瀹后的茶汤淡黄透亮，栗香里隐隐有炭火香，汤水润甜，涩后回甘甚好。虽是三年之茶，但后续发酵的痕迹寥寥。

察看叶底，感通寺内茶的叶形为长椭圆稍尖，叶质柔韧肥厚，部分革质。上末茶厂茶叶形稍小，叶质柔韧。点苍山十八峰，这两茶虽生长在一峰之间，但香气、口感有异，该是与树龄与制程大有关联。

今日得美泉助力，才使得各茶之茶性了然。茶罢，燃沉水香一枝，抚盏问泉，静慈说：此泉由山间流下，正好在寺里停驻，僧人筑起四方泉池，一汪山泉便四时清澈盈盈。今年立春后天旱，一村的人都来这泉池取水饮用近一月，而水位竟毫无下降，很是奇妙。闻言更惜水如金，又瀹20世纪80年代绿字中茶，盏盏橙金饱满，陈韵绕齿，回味无尽。

夜深，泉尽，点点滴滴滋润肺腑；茶息，枝枝叶叶尽释其味。

今夕何夕兮？明月皎皎，照茶底柔韧巧绿如在山间，照吾友归去平安。

瀹茶记录

用　水：珍茗山泉（储陶瓮中一日，经竹炭和麦饭石处理）

茶　品：2008年秋感通晒青茶

瀹茶器：石桥款仿汝窑盖碗

投茶量：8克

冲瀹法：下投

外　形：轻度揉捻、条索疏松

汤　色：黄绿，清澈明亮

香　气：果香，甜香交融

滋　味：平和、澹远

茶　韵：如观平远法之古画，徐徐展开，可嚼可参

叶　底：有轻微发酵，舒展，中等厚度

欢喜山野 攸乐在即

攸乐古树茶

汉字的美，不仅借形而且印心，横竖撇捺传情达意。鲁迅先生也说汉字具“三美”：意美以感心，音美以感耳，形美以感目。闻见“攸乐”二字，未尝茶汤，便生了一分欢喜。

可谁会想到，攸乐得名缘于并无文字的基诺族。在攸乐山世居的基诺族自称“基诺”，“基”指舅舅，“诺”是后人的意思，引申即为“尊敬舅舅的民族”。基诺族奉孔明为茶祖，传说三国时孔明南征，一部

分落伍的士兵在此定居，自名为“丢落”（意思是说孔明把他们丢了），后来才演变为汉语的“攸乐”。

在清乾隆进士檀萃《滇海虞衡志》的“出普洱所属六茶山”里，攸乐居六大茶山之首。史书记载：“一千七百多年以前攸乐山一带就有茶树栽种，并有老茶园三千余亩。唐代攸乐山所产茶叶主要销往洱海地区；宋、元、明，则集中在思茅、普洱等地进行贸易，清雍正七年（1729），清政府在攸乐山设‘攸乐同知’，驻兵五百，隶属于普洱府，雍正十三年移驻思茅。”

基诺人植茶吃茶的历史悠远，基诺语的“拉拔批皮”就是凉拌茶的意思，他们将鲜嫩的茶叶稍加搓揉，再把黄果叶和辣椒、大蒜加盐巴舂碎，加上一点泉水和茶叶拌在一起，稍微腌制就可拿来佐饭食用。20 世纪 80 年代，父亲在攸乐山拍摄了不少资料，其中就有凉拌茶的制作过程。后来，他去采访离昆明最近的峨山高香茶园，还带回些鲜叶如法炮制。大概因茶树的树龄不同，峨山茶鲜食涩味稍重，吃来并不如意。父亲把剩下的鲜叶用开水过一道，加上盐巴、辣椒填在坛子里做成腌茶，两三个月后，味道鲜辣，嚼来仍有茶叶清香，是不错的饭粥小食。

树龄越古老的茶叶，聚香越醇，滋味越发甘爽，涩苦易化。古基诺人生食，也是食之有道的。

而今，远山如故，一片树叶子在山川民族间传递，予人以悠，予人以乐，而快乐是不分种族与地域的。

冲瀹今春头采攸乐古树茶，香韵惑人，这香气带着些花香，竟有几分近似景迈茶的花蜜香。不同的是，景迈古茶馥烈柔媚，持久弥坚；攸乐香里轻苦漫舌，却终能化香为甘。好比大乔、小乔姊妹同胞美人，一个敦厚端庄，一个伶俐机巧，各自占尽风流。

悠悠我心，乐彼远山。

唇与水的触碰，日子里，有这样的美好，就好。

瀹茶记录

煮水器：老铸铁壶『般若』
用　水：珍茗山泉（储陶瓮中半日，经竹炭和麦饭石处理）
茶　品：攸乐古树茶
瀹茶器：120毫升白瓷盖碗
投茶量：8克

外　形：条索细长，色泽浅黑灰绿
汤　色：一泡黄绿明亮
香　气：花蜜香高扬，杯底留香明显
滋　味：舌面轻苦轻涩，五秒左右苦味化开，三泡后涩味降低，滋味饱满甘甜
茶　韵：协调平衡，喉韵深，有凉爽回甘感
叶　底：叶片短小，薄而柔韧，稍有红梗、红边

立秋
茶席
筇竹怀古

瀹茶法：兰若莲华炙瀹法
茶品：水仙（岩茶）
花材：火棘果

瀹茶器：兰若莲华炙茶罐

煮水器：商象铜炉

茶盏：十六隐居图青花盏
茶托：银盏托“溯鱼”

自在岩

處暑

秋天阴气增、阳气减，易发秋乏之症。维持心性平稳，调养情志，方保生机元气。陆游诗云：『四时俱可喜，最好新秋时。』秋日闲暇，小别书斋，访古探幽，赏花吃茶，正是此间快事。

处暑，七月中。处，止也。暑气至此而止矣。鹰乃祭鸟，鹰，义禽也。秋令属金，五行为义，金气肃杀，鹰感其气始捕击诸鸟，然必先祭之，犹人饮食祭先代为之者也。不击有胎之禽，故谓之义。

天地始肃秋者，阴之始，故曰天地始肃。

——《月令七十二候集解》

玉书煨中松涛起

马头岩肉桂

日前小聚，蒙老友赠潮汕红泥炉、玉书煨、橄榄炭，这红泥小炉我心仪很久，饭后便迫不及待起炭煎水，奈何天寒，这橄榄炭燃得慢，四下寻蒲扇不得，只好把绘了《清夏图》的折扇翻将出来，老友执扇，戏拌茶童，扇了百十下，见炉间蓝焰吐起，玉书煨中隐约远闻松涛，掀盖看看，正是蟹眼细涌；再煮，松涛声近，再看，涌泉连珠，正好倾倒瀹茶。

这玉书煨小巧顺当，泥柄很是适手，一壶水瀹得三巡。一炉橄榄炭也很耐用，瀹马头岩肉桂、漱石斋大红袍、老班章，滋味特别，水轻茶香。只是候汤时间较随手泡长许多，慢慢等候也算是一趣。

当晚乐于煮水瀹茶，未及拍照。第二天，看看头晚的肉桂、老班章似可再泡两次，又起炭煎水，隔夜茶茶味虽淡，甘润尤长。茶烟在冬阳下升腾，美如云雾。

瀹着隔夜茶，在电脑前敲字，却闻王世襄先生故去的消息，感叹莫名。锦灰成堆，世间却再无畅安老人的“玩童”身影了。不过，先生此别却可与袁荃猷先生九泉相聚，想必那张因袁先生故去而散离的

“大圣遗音”琴也会欣然和鸣的。

爱物寓情，玩是最高的境界。畅安老人于乱世中收纳珠玑，孜孜以求，坚守自珍；我等恋茶及物，一炉一炭也能消磨浮生，欢喜自知。

人生苦短，知交不必太多，三两个足够，见面不必太稠密，但每次总可以坦诚欢喜，可以同醉。醉的不必都是酒，也可以是茶，或者一瓯清水。

爱人不必太多，一位足矣，却可在他面前尽天真本性，陶然忘机。即使你老得红颜褪去，他也嗅得出你的心巷暗香，听得见你的松涛思量。

炭尽茶烟逝，红泥炉依旧温暖，榄香似还未散去。

茶滋味，因为等候，才在唇齿间流连顾盼，不舍不离。

吃茶静庐瀹老枞

吴三地百年老枞水仙

赴建水参加省第二届陶艺展览，虽时间匆忙，仍携茶而往。入住李志伟老师的静庐，最爱这小院清幽，每来临安，必来探访。静庐主人一派文气，居于此，可弄墨、抚琴，可吃茶，可玩陶，可半夜乘兴夜游临安后，微醺而归。

午夜至紫陶会馆看陶说瓷，再至小西庄食西门烧豆腐、烧烤草芽等美味，建水豆腐闻名滇中，尤以西门所出最为入味。西门豆腐可趁鲜吃，炭火烤之，豆香盈盈；可捂之发酵，油炸、炭烤后外焦里嫩；也可任其自然风干至外表灰褐，在文火上慢慢炙熟，看豆腐一点点膨胀，表皮挣成油亮的黄褐色，再绽开里面淡黄的嫩豆腐粒。这时节，就一点料碟里的腐乳汁，焦香鲜辣，回味堪久。末了，煮碗草芽汤，把鲜嫩的草芽用手掰成小段，入水即起，汤里只加一点点盐，取其清甜本味也。

夜半方归。与砚田于正厅檐下小饮，小院寂静，愈显得琴箫音色干净，清远入云。是夜，月色虽半明半昧，然檐下灯影暖黄，竹影、桌椅投影于青石板上，一如将洇未洇的松烟墨色。

次日清晨不忍贪睡，早起又于荷池边、紫竹下设茶席，瀹扬州谈立兄赠的吴三地百年老枞水仙、自存的老班章古树。刘钦莹老师早期的手工红泥壶瀹吴三地百年老枞，静庐主人手制的紫陶壶瀹班章古树，建水水轻，想必冲瀹后各得其味。老班章古树一直装在 20 世纪 80 年代的建水紫陶厂出的茶罐里，早已茶香满罐。今次用的是紫陶壶，可我带的是青花盏，一时难以匹配。静庐李老师的夫人转身找来了谭知凡老师制的紫陶盏，又拿出自己捏的紫陶敞口盏。这盏火色看老，古朴天成，正好美成一席紫陶茶席。

饮水仙用的是景德镇饶伟华兄前久寄来的几只青花盏。饶伟华老兄在每只盏上随意勾画了游鱼，或肥或瘦，或白眼，或敦厚，有八大之机锋，却没有八大的苦涩，妙趣满盅。叫人一端起来，就想起“逍遥游”几个字。秋日临安，茶香暖人。这不，身畔池里的鱼儿也正逍遥了去。

瀹茶记录

用　水：建水大板井水
茶　品：吴三地百年老枞水仙
瀹茶器：石桥款手工红泥壶
投茶量：5克
冲瀹法：下投
外　形：乌褐、油润、粗壮
汤　色：橙红明亮
香　气：淡栗香
滋　味：浓郁、鲜锐、生津
茶　韵：快人快语亦不乏细腻
叶　底：亮泽，边沿微红

处暑茶席

前尘堪忆
一片清凉在曼松

香器：石片、青瓷小香瓶

花器：青瓷炉
花材：青苔

花材：戈壁玛瑙

茶盏：刘钦莹先生早期兔毫盏

席布：云南个旧手织麻布

壶承：方见尘先生制老坑歙砚
瀹茶器：朱泥小壶
煮水器：陶炉

茶品：2006 年曼松茶
茶则：自制竹茶则

茶针：竹茶针
匙搁：戈壁石

白露

『蒹葭苍苍，白露为霜。』寒气渐生之时，保暖最是首要，不可一味地春捂秋冻。厚醇的熟普洱、岩茶、红茶可培养元气，缓解秋燥。

白露，八月节。秋属金，金色白，阴气渐重，露凝而白也。鸿雁来。鸿大雁小，自北而来南也。不谓南向，非其居耳。

——《月令七十二候集解》

相约酩酊去

2003年皇宫普洱

某日茶会，一位前辈借着酒红的茶汤说事：“年轻时，总容易目迷五色，上了年纪，才喝出了简单的味道。”暗地里点头，五色迷眼，我等总是明白着继续着。

洋洋茶海，岂止六类？又岂止五色？茶与茶之间，差之毫厘，也能驰去千里。单看普洱熟茶，色味皆美惑，借张氏名句：色易守，情难防。钟情一盏间，看着怎样都是难舍的贪恋，如何戒？

阳光大好时，偶尔闲暇时，不知怎就养成了对冲的习惯，心里知道奢侈，一犯再犯，其实是想探出每个茶的究竟。

今日下午拆开的两茶年份接近。一款是皇宫普洱，为一二级茶青拼配，条索完整，显毫，昆明自然条件下储存；一款是勐海茶厂改制前出的中茶饼，混合级茶青拼配，条索完整，在沿海地区存储几年后到昆明才数月。两只壶，一只石瓢一只半月瓢，热水冲淋壶身提高壶温，三两遍后置入干茶，茶香立即自壶中腾出。不一样的味道，一是单纯润泽的茶香，一是混合着高温湿润地区特殊气息的茶香。

同样的美汤色，两茶在舌间汤感亦滑润有厚度，过喉亦顺，不同处在于滋味，前者出荷香，陈味少带，头水微有梅酸；后者稍有苦底，陈味明显，过湿环境的气息亦一目了然，头两水上颚稍有刺激，后水走顺，甜润泛开。从品饮来看两者都算是不错的陈茶，然干湿之异得看个人喜好而定。

用手指轻按，皇宫普洱叶底柔软有弹性，观之略有条索返青；中茶饼叶底稍硬，条索完好，梗多，虽然尽浴沿海的湿润空气，但并未出现腐烂，幸是在湿润空气条件下的干仓。

六七水后，香薄，色与滋味未衰减，看这样子，两茶同样可经十余泡，够我喝到晚上。

两公道杯茶比肩在冬日阳光下，灿如落日，一色已迷目，“凿落满斟判酩酊，香囊高挂任氤氲”。

茶欲醉我？不需劝，相约酩酊去。

瀹茶记录

用　水：珍茗山泉
茶　品：2003年瑞草堂皇宫普洱
瀹茶器：紫陶壶『观止』
投茶量：7克
冲瀹法：下投

外　形：褐红、油润
汤　色：红浓明亮
香　气：兰香、蜜香
滋　味：厚重、丝滑
茶　韵：敦厚君子
叶　底：柔软、弹性、返青

中秋吉日 暖玉生香

暖玉熟茶

中秋日，晨起多云，微有寒意，窗下剪得数枝玉色秋英，插作两瓶。青瓷尊供在佛台，随形洒花釉的花置于茶案。将近中午，云散天蓝，如此晴好白昼，今夜可见明月。

洒扫半晌，落座煮水泡茶，把玩黄龙玉蟾。秋的薄凉在五脏六腑最为明了，贪杯如我，七八水老班章下去，开始觉得腹间微寒，得用熟茶来调一调了。

遂取形如满月的唐羽“暖玉”小熟饼，从背面圆润处旋茶针探入，茶在阳光下轻轻剥离的声音清脆适度，知其干燥得法。温暖的茶汤，红透琉璃盏。虽是新压的茶饼，但因前期散茶状态下自然存放过一段时间，堆味已无。微微苦底后舌面便有绵绵回甘，一种干荔枝般的香气融合在汤水中，唇齿漱芳。等到萧瑟寒冬，这茶该更出落得玉润珠圆。

饼面绵纸上的佳人，颔首弄笔，也是沧海月明夜，中秋将至？身畔似见宣炉尤温，余香盈盈，闺中闲暇，也和一千多年前的李商隐一样，“锦瑟无端五十弦，一弦一柱思华年”。

遥思华年漫追忆，有时觉得茶就像是一个载体，用心把最美好的岁月凝芳、聚香、封藏，然后逐日逐月逐年地圆满起来，当青涩轮回成金琥般的瑰丽，便不会因早先的漫不经心而惘然，也不会因曾经的年少轻狂而戚然有悔。

华年苦短，不过庄周一梦，假若轻薄当下，自然熬不到稻熟谷香。

月有缺，月本圆，岁岁中秋，听“暖玉”呢喃：花解语，玉生香，一饼香月，良辰莫辜负。

瀹茶记录

用　水：珍茗山泉
茶　品：暖玉熟茶
瀹茶器：紫砂清水泥串顶壶
投茶量：7克
冲瀹法：下投

外　形：褐红、紧结、饼形周正
汤　色：红浓明亮
香　气：干荔枝香、焦糖香
滋　味：厚醇、回甘
茶　韵：良辰莫辜负
叶　底：完整，有弹性

白露茶席
石鼎火红诗咏后
竹炉汤沸客来时

花材：茶树枝、灵芝
花器：竹筒

煮水器：随手泡
瀹茶地：南糯山致正草堂

匀杯：玻璃公道杯

瀹茶器：青花盖碗

茶品：南糯山古树竹筒茶
茶则：竹茶则
茶针：自制紫竹茶针
匙搁：南糯山茶膏小竹管

秋分

『秋分者，阴阳相半也，故昼夜均而寒暑平。』此时要特别重视保养内守之阴气，起居、饮食皆遵循『养收』之道。储存过一段时日的古树茶，此时香气与滋味都会愈加饱满。

秋分，八月中。解见春分。雷始收声。鲍氏曰：雷二月阳中发声，八月阴中收声入地，则万物随入也。

——《月令七十二候集解》

空谷幽人 合香之韵

景迈古树茶

茶的香，于人会有记忆，也会有前调、中调、后调的变化之美。较之单纯嗅闻的香品，它还多了一样，融于水，可咀嚼、可鼓漱的合水之香。

云南大叶种茶生长在云南的各个角落，在不同的土壤、气候条件下，茶就具有显著的山头特点。茶叶的香气，有的是在茶叶生长过程中生成的，有的则是在加工过程中形成的。各类香气之间的平衡和各种成分相对比例的不同，便形成了各种茶叶的香气特征。古树茶的香气特征是树种在千百年间进化、蜕变，在生长地土质结构、气候等相对固定的条件下逐渐形成的。

不过，这种“固定”也蕴含了不可预测的变化，随时皆会有可见或不可见的因素在冥冥中影响着生长中的枝干与叶片，所以，每年、每季的茶叶风味各有不同。

人们似乎习惯用自己熟悉的味道来命名新的体验。我们在老班章古树茶里喝到的兰香，在景迈古树茶里觉出的花蜜香，在老生茶里嚼出的参香，在熟茶里嗅到带甜味的枣香，甚至可以在一泡上好的古树茶冲泡了十来道后的尾水里喝出云南人热爱的“菌香”。这些香气，是茶叶与水充分交融后的美好结局，也是我们常见的状态。而干茶状态，或者是杯底香，又与此合水之香有着细微或巨大的区别。

冲瀹一款好的古树茶，在冲泡的过程里，由开头的浓烈饱满，到三四水的盈盈可赞，到六七水的温润持续，再到尾声的恋恋不舍。这里我姑且不说滋味，最感人感官的就是它的香气变化。香，便如是可观行迹，不可捉摸。

想起不久前一次关于奇楠沉香中“绿奇”的体验。某夏夜，翠湖边的一座阁楼里，清友环坐，因午后刚下过雨，晚上的温度与湿度都很适合品香与瀹茶。

一款百茶堂的老千两茶，汤色沉红如琥珀，力道绵绵。两三盏喝下去，周身温暖，毛孔张开，嗅觉也灵敏起来。应张兄之邀弄香，小瓶里密封着的绿奇楠，丝丝缕缕，半卷曲透着蜜褐色的油脂。闻听奇楠不用太高的火温，便烧炭至半透，熏出那滋味，果然是千转百回，头味、本味、尾味各自不同，果香、花韵似在其间，又无法用一个确切的语言来定义它。那香韵持续了很久，老千两茶已冲瀹了近三十泡，品香炉中还是余韵袅袅。或许在座者都像我一样在每一个时段里分辨、记忆这奇妙的味道，偶尔清晰，偶尔迷惑，或许，至美之味便是这样的在似与非似之间游弋，这样的迷住你的感官与神思。

忆起之前曾咀嚼的奇楠，当时只觉得奇楠屑有几分粘牙，舌尖微微生麻并感觉微辣，而后喉间凉意渐起，如同饮了一盏好茶般开始回甘生津。后来，奇楠屑竟不知什么时候融化了去，只余口中一片清凉。而奇楠之韵，遇一炉暗火，方才摇曳生姿，香得一路跌宕起伏。

大地上的植物，就是如此奇妙，草木躯干，于泥土雨露中蓄香纳芳，然后在水与火中融化释放。物物如何相生，冥冥中自有安顿。

后来，还是经常会忆起那夜奇楠的味道，偶然间袭来，清晰得很，就像经常在记忆中嗅到玻璃公道杯底的景迈之香。

瀹茶记录

用　水：妙高寺山泉

茶　品：景迈古树茶2009年『阿兰若』

瀹茶器：仿汝窑盖碗

投茶量：7克

冲瀹法：下投

外　形：条索肥壮，芽头显毫

汤　色：明黄

香　气：花蜜香，冷嗅杯底转兰香

滋　味：饱满、微涩、生津

茶　韵：熏风迎面、幽谷冷芳

叶　底：柔软、完整

明前珍品昔归沱

昔归古树沱

喜得2009年明前茶青手工揉制的昔归沱，浑圆的青沱在手中沉甸甸地可人，虽因2009年春天气候干旱，茶芽稍微显细瘦，但那墨绿的条索、披满银白细毫的芽头依然灵气十足。

用茶针仔细拆下7克开汤，润茶时就已茶香四溢。出汤后汤色淡黄清亮，茶未入口香先行，入口后，饱满的滋味便在口中窜开，舌面微涩随即化开，两颊与舌底绵绵生津，微苦后甘甜的感觉由喉间冉冉上升。因采用手工杀青，有的茶叶边缘微有发红，汤中偶有焦片，三四泡后焦片散去，兰香隐现，七八水时出冰糖甜，茶气劲道，柔顺的汤感平衡稳定，可以一直沿袭到近十二三泡，尾水的冰糖甜更是令人回味无穷。

以前曾喝过朋友自存的2003

年、2005年的昔归沱，转化后的茶质更显饱满，滋味浑厚，汤色转橙红，杯底香绵连不断，耐泡度增至十五六泡，实是普洱生茶中耐得住挑剔的上品。这些上佳表现应与昔归茶的产地、气候、茶种及当地的采茶习俗大有关联。

清末民初《缅宁县志》有记："邦东乡则蛮鹿、锡规尤特著，蛮鹿茶色味之佳，超过其他产茶区。"这里说的锡规就是现在的昔归，地处临沧市邦东乡的邦东村，面积不过四平方公里，海拔为七百五十米，年平均气温二十一度，年降水量一千二百毫米。昔归茶属于邦东大叶种，大部分古树茶的树龄近两百年。因当地老百姓有只采春、秋两季茶的习惯，令茶树有休养生息的阶段，所以昔归古茶树至今长势良好。唯产量不多，所以在茶客中被奉为珍品，明前纯料更是一茶难求。

瀹此好茶，感山川佳赐，愿岁岁年年，雨露滋润，时有美茶醉人间。

秋分茶席

素秋晓近寒

茶品：红玉（古树红茶）
瀹茶器：问鼎汝窑执壶、琉璃碗

花材：盆栽菊花

茶桌：云石桌

煮水器：银壶“坐忘”
茶针：竹枝
茶则：银茶则

寒露

寒露时节，雨水渐少，天气干燥，昼热夜凉，燥邪当令。养生汤水宜以润肺生津、健脾益胃为主，经过岁月转化之古树生茶，寒性渐去；熟茶甘醇有加，正是适饮之际。

寒露，九月节。露气寒冷，将凝结也。……菊有黄华。草木皆华于阳，独菊华于阴，故言有桃桐之华皆不言色，而独菊言者，其色正应季秋土旺之时也。

——《月令七十二候集解》

收藏十一载的景迈春天

1999年版比腊告“小龙印”

1999年春天，明前第一拨景迈山古树茶被茶农们爱若珍宝采摘了下来，杀青揉捻，在太阳底下晒干后，何仕华老师定做了一个刻着龙纹的模子，压制出一批二百五十克的小饼茶。茶饼用手工纸包起来，加盖了一只朱红的方形图章，上面刻着“云南景迈千年古茶”，旁边是一丛茶树。这批小龙印饼就是最早的“版比腊告”茶。

今夏，各地高温，昆明依旧有着二十六七度的凉爽天气，经过初夏的几场雨水与后续的晴朗天气，存茶的后发酵进程又向前迈了一小步，此时的各款茶都表现不俗，隔着薄薄的绵纸，小龙印饼的香气似乎更加浓郁起来了。霜降之时，气温回落，空气湿度宜人，也是宜茶的时节。

虽然当初在小龙印饼面上压制了龙形，所幸压制力度适中，并没有使它像后期很多特型茶那样紧结如铁，边沿甚至还有些松散。用茶针沿边沿起茶，基本上是一芽一叶，可见茶叶的嫩度很高。第一遍润茶的水已呈金黄色，香气较景迈新茶的蜜香平和温婉。正式冲瀹的第一道茶汤让人很期待，毕竟，十年以上的古树纯料是不会经常遇到的。

茶汤在玻璃公道杯里金黄色的饱和度非常高，清澈透亮。入口，茶汤颇有些厚度，是人们常说的那种“米汤”感。据说，这种“米汤”感是在云南储存多年的茶叶才有的。含汤在口，感觉里面的花蜜香已转为蜜果香，并交织着淡淡药香气，而冷嗅空杯底，花蜜香与兰香才又浮现出来。十一年的古树茶，涩味还未全部消退，回甘很好，最舒服的是喉间。冲瀹当天，天气凉爽，清风徐徐，但两泡茶下去，同饮的几个人就有胸背微汗的感觉，古树茶的茶韵茶气之说确是不虚。

当年压制这款茶时，不知道有没有预计到它存到今天的美妙变化？“版比腊告”就是自那个时候开始在何仕华老师手中精心制作出来的。2004 年的夏天，何仕华老师从普洱（当时还叫作思茅）来昆明找父亲玩，说起越来越被人们接受的景迈古茶，父亲建议他注册一个商标，让我来设计。两人都是急性子，等不及我下班，就来办公室找我。我们就坐在办公室外露天花园的长凳上，讨论确定了商标的设计要素。回家后我在白卡纸上画出了墨稿，用黑白画的风格绘出高大的茶树树身，树下是三位身背竹筐采茶的少数民族，边沿用了不规则的自然形，以区别于一般的圆形方形标志。第二天一早，墨稿交给了何老师去工商局办理申请，2005 年的“版比

腊告”的春茶就印上了这个商标，并一直沿用至今。

如今，何老师和父亲都是八十多岁的人了，2012 年他们各自抱回了一块茶叶协会颁给在云南从事茶叶工作四十年以上的老茶人的“茶寿”匾，和他们比起来，十一年的版比腊告“小龙印”还只是个青青稚子，还有长长的妙曼未来。普洱茶的变幻之美、陈香之韵，或许就在其间。

瀹茶记录

用　水：珍茗山泉（储陶瓮中半日，经竹炭和麦饭石处理）

茶　品：景迈古树茶 1999 年春版比腊告『小龙印』

瀹茶器：紫砂段泥虚扁壶

投茶量：6克

冲瀹法：下投

外　形：一芽一叶，芽头显毫

汤　色：金黄明亮

香　气：汤显果蜜香和药香，冷杯底出兰香

滋　味：厚滑、回甘

叶　底：略碎，偶有红边

茶　韵：饱满

我醉君复乐
陶然共忘机

2009年“忘机”熟茶

古有琴曲名《鸥鹭忘机》，典出《列子·黄帝篇》之“好鸥鸟者”：“海上之人有好鸥鸟者，每旦之海上，从鸥鸟游，鸥鸟之至者百住而不止。其父曰：‘吾闻鸥鸟皆从汝游，汝取来，吾玩之。’明日之海上，鸥鸟舞而不下也。”每每听此曲，如现海天澹澹，鸥鸟自在的境地，逍遥通达不可言喻。遂作《忘机》以志。

“海日朝晖，沧江西照，群鸟众和，翱翔自得”写的是《鸥鹭忘机》抛机弃巧，质朴得自在；听琴，虽曲曲有别，抚琴人技有生熟，若不求流派名头，也可声声入耳；拼茶，虽有山头区域，百样水土，若融于一饼，自然不再分你我，入口的就是这样一个天然自成、忘机之我；吃茶，本无高低好坏，陶然共乐，心性空澄，盏盏可清心。

“忘机”荷韵取云南三个茶区熟茶料拼配而成，勐海2006年宫廷、2009年春一级料、勐库2009年春一级料，求香滑有韵，汤水平衡。虽拼配之际殚精竭虑，取勐海陈年宫廷料之荷香陈韵，佐勐库一级春料之滋味厚实。

三年后，携“忘机”赴勐海，攀贺开、攸乐、南糯山，以南糯

山泉冲瀹。是日雨后初晴，山间空气润湿，草香清丽。于晒茶的竹排上设简席，采茶花为供，悠然开汤，一盏醇红，盏面茶烟戏聚，滋味较三年前越发厚滑，盏底冷香更似荷花之清贵气息。把盏间见天高云飞，古松高峻，疏狂快哉。一时竟忘了茶间的君行臣佐，轻重配伍。咦，吃茶得满怀快意即可，岂不正是当初听曲取意的初衷？“故君子与其练达，不若朴鲁；与其曲谨，不若疏狂。”陶然忘机，吾与君共。

瀹茶记录

用　水：南糯山山泉
茶　品：2009年『忘机』熟茶
瀹茶器：石桥款朱泥壶
投茶量：7克
冲瀹法：下投
外　形：饼形圆满，条索清晰，芽显金毫
汤　色：蜜红透亮
香　气：荷香，冷杯底留香持久
滋　味：醇厚、顺滑、回甘
叶　底：柔韧完整
茶　韵：饱满、快意

寒露茶席

瀹茶器：银壶“著春”

花材：蔷薇果、梭梭、野果（鱼线吊置）

茶盏：描金抹红杯

煮水壶：银壶“坐忘”

匀杯：玻璃匀杯
茶品：红玉（古树红茶）

霜降

霜降之时，于五行中属土，益补血气、调养肠胃。
山野里的农人顺天时、应地气，
一壶朴素的老黄片也可煮出茶间真意。

霜降，九月中。气肃而凝露结为霜矣。
《周语》曰：驷见而陨霜。……
草木黄落。色黄而摇落也。

——《月令七十二候集解》

漂洋过海来看你

白芽奇兰

午后，窗外的风声愈来愈紧，巴掌似的拍打着窗户。有些闷热，心里更多了烦意。突然起了念头，拿出那听从远方而来未曾启封的白芽奇兰。看底上的日期，是四年前那个春天的茶，也就是说，时光在此已留驻了一千多个日夜。四年前我在何时何地？记不得了，手边曾有什么样的茶？也记不得了。

这用传统老工艺做的老茶本来要带到家中细细喝的，这一刻忍不住有了尝它的念头。

撕开密存的外衣，紧实匀称的茶粒深绿油润，爽悦里混合着花香，这香也特别，是一种丰美的熟香味，但说不出是什么芬芳路数，直等到遇见水，它才一下清晰起来，原来就是那“罗生兮堂下……芳菲菲兮袭予”的空谷兰香。

一水，兰香初溢，不过还带点初浴的清润恬淡。

三水汤色橙黄明亮，香似兰麝幽长，滋味清爽，细腻中没有半丝讨厌的生涩，是岁月的功力还是奇兰之奇？一直沿袭至六水，橙黄稍减，馥郁依旧。最喜欢的是咽下茶汤后口中的那余香，千转百回，幽芳独赏。

白芽奇兰，这样一个名字是有由头的：两百多年前，漳州平和县大芹山下“水井”边长出一株奇特的茶树，新萌发出的芽叶呈白绿色。村民们试着摘下鲜叶精心制成乌龙茶，结果发现这茶竟然有奇特的兰花香，遂得名“白芽奇兰”。

沸水慢续，一直到十余回，果然兰香绵绵不绝，没辜负了这好名头。看看润绿的叶底并不厚实，还在盖碗里柔韧安闲地散着幽芳。

站起身，探头看看窗外原来已下过雨了，天色初晴，空气中又多了分湿润的草木气息。看着拍下的照片，突然发现玄色山水间的茶粒好像是一只只正在飞越千山的青鹤，它们漂洋过海要去看谁？

想起一首歌——《漂洋过海来看你》：

记忆它总是慢慢的累积　在我心中无法抹去

为了你的承诺　我在最绝望的时候都忍着不哭泣

陌生的城市啊　熟悉的角落里

也曾彼此安慰　也曾相拥叹息

不管将会面对什么样的结局

在漫天风沙里望着你远去……

午后，漂洋过海而来的兰香奇茶，在陌生城市的角落里，拥水独居，尽释曾停驻的时光。

吃茶的人，只管坐拥兰言，不语，暗自销魂去。

瀹茶记录

用　水：云南山泉（瓶装矿泉水）
茶　品：白芽奇兰
瀹茶器：华宁手拉坯陶盖碗
投茶量：8克
冲瀹法：下投
外　形：乌润、紧结
汤　色：橘黄
香　气：兰香、花香
滋　味：浓醇、回甘
叶　底：肥壮、柔韧
茶　韵：堪追忆

枝枝叶叶总关情

老班章古树茶

老班章的秋天比城里来得要晚一点，雨季结束后，几米宽的山路上留了一道道二十来厘米深的沟壑，害得老黄的越野车差不多是要骑行进去了。幸好天空蓝得干净无比，阳光让路边的树影斑驳，心情大好的我们便一路颠簸行进在去老班章的路上。

说来奇巧，每次出行，之前并未约定，而总能在喜欢的地方会合喜欢的老友。黄良早在茶山待了近两个月，枝红下去会合，我与吴涯兄刚好出公差，四个人就开始了又一次茶山行。

两个多小时的车程后，路边出现了一坡一坡的茶树，有三四米高的，有老树桩截去后新发的一米来高的，油亮的叶面在秋阳下闪闪发光。不一会儿，一块高大的村碑立在路边，老班章村到了。

一进村，路面刹那间就平坦了，低头细看，村道是光滑平整的水泥路面。在村口骑着摩托车等候我们的帅小伙三大告诉我们，这水泥路是村里出钱修的，自从老班章茶出名后，村里很多人家盖起了新房，还买了汽车或摩托车。有一百二十五户人家的老班章每到采茶的季节，就有来自昆明、广东甚至韩国的茶商来守着收购茶叶。正午的村庄很

安静，村民们都回家休晌午了，只有一两条灰黄的土狗趴在路当中舒服地晒着太阳。

时过正午，不想再打搅三大的家人忙碌做饭，我们坐在路边茶树下，把早上在勐混街上买的糯米饭团、香茅草烤鱼、烤肉干、芭蕉拿出来做了午餐。

吃饱喝足，三大带我们去看不远的老班章朗朗丫古茶林，缓坡上的茶树林丛生在高大的栗树、多依果树下，地面上积了一层厚厚的落叶，过了雨季，表层的落叶被晒得很松脆，踩上去簌簌作响。一位扎着红头巾、背着背篓的布朗族老人啃着只苹果走过来，我迎上去问：“您家今天不摘茶了？”老人笑呵呵地指着背篓说：“不摘了，今天捡柴火。”

古茶园中长着很多杂木，在林间自生自灭，干枯了又充做人们取暖、煮食的源头。无名的野花从树叶的缝隙间钻出来，有滋有味地开着，熟透的多依果从树上掉下来，落得满地。花香、多依果的果香交融在一起，老班章的茶生长其间，饱吸着这气息生发，长卵形的叶片革质明显，芽头上白毫闪亮，有的老叶片比人的手掌还长，足有二十厘米左右。因为是秋茶，芽头细长了些。捋一芽嚼嚼，滋味饱满，没有想象中的苦。微苦涩后满口的甘泽与喉间的爽快叫人回味无尽。老班章的茶也分为苦茶、甜茶和不苦不甜的茶。苦茶也就是茶人们津津乐道最“霸气”的茶，老班章的晒青茶入口即苦，但妙在苦不过七八秒即化。

缓坡上几棵古茶树高大茂盛，有的搭着竹梯，有的干脆就斜撑着一根碗口粗的龙竹做采茶梯子，最大的一棵古茶树近七八米高，枝干从离地面五六十厘米处分枝，各自直径差不多有五十来厘米，树身不仅附生着粉绿的苔藓，还有一丛丛棒槌石斛。三大身手矫健，几步就攀了上去，枝头上的茶芽肥硕且灵气十足，三大手起茶落，摘下几枝饱满可爱的茶芽。

树下的我们忍不住也摘了起来，身旁都是茶树，挑那苗锋硕壮的，食指和拇指一捻一侧，标准的一芽一叶就落在了掌心，不一会就摘了一大把，嫩绿的茶叶捧在掌中，逆着光看叶脉清晰蜿蜒，就像透绿的羽翼，着实喜人。当下约好了，这捧茶要带回去自己杀青、自己揉制，做好后聚齐了四个人一起开汤。

回到三大家的竹楼，他家一大早采回来的茶才揉好摊开在竹簸箕里晾晒着。三大提来一大壶煮开的陈年老黄片茶，汤水红亮浓厚，味道比新茶醇和许多，几乎没有苦味，微涩里有淡淡的甜。茶山上的人们总是把当年最嫩最好的茶卖出去，留下老黄片自家喝，一直要喝到隔年的隔年。我们坐在竹楼的露台上，有滋有味地喝着老黄片，远方山峦起伏处云雾缭绕，老班章的茶就在这里酝酿着遗世独立的美妙滋味。

我们想赶在日落前下山，而落日偏又跑得太快，树影后若隐若现了几线金红，瞬间就没入黛色的群峰，而月牙儿早就在天空的另一边悄然升起。

月色朗朗，勾画出茶树的轮廓，下山的路，远看是弯曲在山间一条银带子，空气里的花香茶韵冷冽了，却越加清晰。CD机里的一曲《心经》充满了车厢，又似在无限扩散，弥漫了整个山野天穹。

瀹茶记录

用　水：老班章山泉

茶　品：老班章黄片

瀹茶器：铝壶

投茶量：15克

冲瀹法：下投

外　形：黄褐、带梗黄片、粗壮

汤　色：橘红

香　气：枣香、少许烟味

滋　味：浓郁、甘润、微涩

茶　韵：淡甘润心，朴实无华

叶　底：褐红、柔软、硕大

霜降茶席

执壶：典宋银瓶

花材：海棠果
花器：迎新刻绘紫陶瓶

盏托：剔犀漆雕秘阁

瀹茶器：建盏
茶筅：宋式单筅
茶品：建阳白茶粉
分茶器：银勺“握云”

寒枝数红胜春朝

华食：大耐糕

立冬

冬来也，草木凋零，蛰虫休眠，也到了立冬补冬之时。传统方法炮制的乌龙茶、陈年的普洱、红茶，茶性转换，或瀹或煮而饮之，亦有补益。

立冬，十月节。立字解见前。冬，终也，万物收藏也。水始冰。水面初凝，未至于坚也。地始冻。土气凝寒，未至于拆。

——《月令七十二候集解》

柴窑古盏软茶汤

台湾木栅铁观音

今次说的柴窑不是消逝的柴姓古窑，而是依古法，用一截截木头烧制出来的瓷具。

清代兰浦、郑廷桂在《景德镇陶录》中说柴窑瓷："滋润细媚，有细纹，制精色异，为诸窑之冠。""滋润细媚"四个字确实是柴窑瓷的写照。

瓷器最初的诞生都与漫山的松木有关，在建于明末清初的景德镇镇窑，高大的砖木结构的窑里，有专门堆放松木的地方。斑驳的光线透过来，一垛垛晒干、劈好的松木堆码得很齐整，安静地等候着，不知何年何月为瓷而燃烧。这座世界遗存的唯一的传统大型蛋形柴窑，据说烧一窑需费去松木近两万斤。装在匣钵里的泥坯在1270—1300度的高温下，将会烧成莹白如玉的瓷胎。两万斤，这该要砍伐下多大一片山头上的树木？也耽于这缘故，如此奢侈之窑火如今已然冷却熄灭。

不过柴窑的茶器与其他茶器确实有不同之处。曾经以三只不同质材、皆为手工拉坯的茶盏：煤气窑烧制的兔毫天目盏、煤气窑烧龙泉青瓷盏、柴窑烧制的青花盏盲品同一款茶汤，结果是柴窑青花盏更胜一筹。瓷盏中的茶汤润且滑，是茶很滋润包着水的感觉。全手工的天目盏与青瓷盏已是器中上品，和柴窑青花盏一比才知道还是有差别的。普洱生茶的汤感明显糯滑，涩度降低。一样的胎泥、一样的釉水，为何柴窑器就能如此神秘地改变水质？曾请教过景德镇的陶瓷专家，原来，柴窑升温、烧制、降温的过程，都与煤气窑和电窑不同，时间长短也有差异，窑里的空气环境也有差异。或许，正是这诸多因素才成就了柴窑器朴实中的不凡。

景德镇的朋友淘来四只民国时期柴窑茶盏相赠，釉中彩的木槿花绘得颇生动，暗红嫣紫的花瓣上细描出丝丝经络。冬夜，黑陶炉中炭火正旺，与天润、陆洁伉俪围炉闲坐吃茶，说起柴窑之妙，冲瀹沧州穿山甲兄赠的陈年木栅铁观音，用釉质紧密的青瓷来喝，盏底香气拢得很紧。换上柴窑盏，茶汤的温软、黏厚立现，教人只舍得小口小口地细啜，茶里光阴，寸寸如金。

瀹茶记录

用　水：珍茗山泉（经竹炭和麦饭石处理）
茶　品：木栅铁观音
瀹茶器：段泥紫砂壶、民国釉中彩柴窑茶盏
投茶量：7克
冲瀹法：下投

外　形：乌黑、条索壮实
汤　色：橘红
香　气：花香、焦糖香
滋　味：浓烈、微涩、回甘
叶　底：肥厚、完整
茶　韵：锦瑟无端华年灿
用　香：老山檀香粉
香　器：陈巧生篆香炉

却替五腑暖茶汤

1999 年易昌号

建盏的气质无疑与老普洱茶有颇多相通之处，敦厚、朴实的胎泥，边薄底厚的坯身，具有良好的保温性和隔热性。盏壁上，兔毫与鹧鸪斑若隐若现，釉滴自然流淌。

建盏型制大多口大、足小、底深，盏口面积大，深褐色的盏面阔而敞，最宜赏汤色之美，嗅闻升腾的茶香。昔日的建盏，不是计黑当白，而是为衬托茶色之白而黑。宋徽宗曾说：“盏以青为贵，兔毫为上。”一盏玄青，可观茶百戏，可看水丹青，细密的兔毫网布于盏身，其实

是含铁成分颇高的胎与釉的秘密契约。莫名间，就改善了一盏好水好汤。

好茶皆选水，好水可助茶性，普洱茶也不例外。红亮的熟茶汤或有些年头的、汤色转橙红的生普洱茶汤倾入建盏，几十秒后，和其他质材的茶盏比较，建盏里茶汤的滋味就会有些微改变。

冲瀹 1999 年易昌，盛满了茶汤的兔毫盏盏底在阳光下现出瑰亮光斑，且随光线角度的变幻，光斑还泛出或蓝或紫或褐红的光晕。无意间把茶盏置于茶桌上有阳光的地方，竟发现茶桌上在盏底映射出一圈银色之光环，仔细观察，原来是建盏外壁的釉面反射阳光而得。

嗅香观色，最后依着芒口小啜，茶汤的温度依旧，易武古树茶的厚实与柔丽淋漓尽致，这便是建盏的妙处。冬日寂寥，起炉煎水，手把天目吃普洱，可谓宋风滇韵两相宜。

瀹茶记录

用　水：珍茗山泉

茶　品：99 易昌

瀹茶器：紫砂壶『须弥』、兔毫盏（宋）

投茶量：7 克

冲瀹法：下投、水烘法

外　形：褐棕黄

汤　色：暗红、琥珀光

香　气：荷香、枣蜜香

滋　味：黏厚、丰盈、甘

茶　韵：在时光里验证古树茶之美

叶　底：褐绿，有活性

立冬
茶席
寒夜谁人来
把盏话『拜冬』

煮水器：银壶“坐忘”
茶品：十年炭焙老水仙
瀹茶地：一水间茶寮

花材：绿萼梅、水仙、灵芝、松枝
花器：汝窑贯耳瓶“问鼎”

云石红木小几

花材：水仙

花器：青瓷碗

瀹茶器：紫陶壶“观止”

大漆金箔板

茶盏：老煤窑功夫茶盏

茶台：湘妃竹六方几

小雪

小雪

冬日阳气肃杀，夜间尤甚，故宜『早卧迟起』。早睡以养阳气，迟起以固阴精。围炉夜话不宜太久，茶饮太晚有损睡眠，当慎之。

小雪，十月中。雨下而为寒气所薄，故凝而为雪。小者，未盛之辞。

虹藏不见。《礼记注》曰：阴阳气交而为虹，此时阴阳极乎辨，故虹伏。虹非有质，而曰藏，亦言其气之下伏耳。

——《月令七十二候集解》

一盏老铁十年陈香

2001 年小叶蝉乌龙茶

茶友白色沙砾自北京寄了几味好茶来，细心地在每个茶袋上写上茶名，其中有一小袋 2001 年的小叶蝉乌龙茶，秋天喝了一回，很是喜欢，不舍得再喝，一封存就是两个月了。

话说滇中四季无寒暑，曾在云南流放了三十七年的状元郎杨升庵咏昆明："苹香波暖泛云津，渔枻樵歌曲水滨。天气常如二三月，花枝不断四时春。"时值立春，小雨过后，院中的绿意也多了几分活泼，玫瑰海棠依旧嫣红。心情也为之舒畅。取红色夏布为席，在这冬之末来一次欢喜的茶聚。

铁炉上坐了铁壶煎水，"文革"老壶已养得滋润，伺这十年的老铁正好。看茶粒一颗颗紧结油润，冲瀹开后果然是香气撩人，汤色若淡金，入口那香气便四窜，竟像是一个花园里藏着的小人在快乐地转圈舞蹈。三盏过也，揭开壶盖，看茶密实地挨紧在盖里，天青盏底却聚了醉人的香，那香有干果的气息，还有一丝花香与檀香的混合味道。

想起去年拜访蒙自龙谷湖三千五百亩有机茶园的情景：冷杉树下的茶园，布谷鸟与蝉鸣起伏对语。我俯着身，在金萱茶丛里寻找小绿

叶蝉的踪影。乳白的蛛网凝着亮亮的水珠，几只茶黄字蚁小心翼翼地擦着蛛网的边缘走过。许久，金萱的茶尖上，一只极小的虫儿惊鸿一现，幽绿的头身，透明的双翅，未待我吸口气，嗖的一声，它竟了无踪影！

一泡幽芳的东方美人乌龙茶，实在与小叶蝉的“危害”功不可没。当日，我摘了一叶小绿叶蝉“危害”过的金萱夹在速写簿里，细卷的褐边就是它们贪食留下的“醉证”。

此茶堪醉，十年前，是哪一方水土，哪一队小叶蝉曾经快乐地经过它们的叶边，才留下了今日的合香水韵？

瀹茶记录

用　水：妙高寺山泉
茶　品：小叶禅乌龙茶
瀹茶器：紫陶壶『怀玉』
投茶量：6克
冲瀹法：下投
外　形：乌褐、显芽
汤　色：橙红明亮
香　气：蜜香、荔枝香
滋　味：饱满、平衡
茶　韵：温厚甘润
叶　底：柔软，有活性

云在青天水在瓶

1997年景迈小青砖

去年游长安，与夫君砚田提了茶箱，携茶数十种和两只茶盏。茶盏是两只高足盏，一样的高古器型，一只粉青，一只无光白釉。无光白釉的这只镌刻了佛手，指若柔荑，珠玑精妙。那日，在法门寺廊下讨得一壶滚水，席地而坐，冲瀹这方十二年的景迈小青砖。看不远处烟云缭绕，庙宇巍峨，信众攘攘，而廊下自一片清净，恍若隔了好多个年头。

后来，老友们见了那日的照片，不无艳慕，特别说起那高足盏，颇应得起古城古寺的风日。没有人想到，这盏是昆明城里烧制出来的。惠风窑，一个小院，一炉窑火，隐在闹市的深处。一只只手工拉制的花尊、茶盏，云白天青得不似此间红尘日月。砚田本来醉心于创作陶瓷作品，因为好茶，偶尔也自己拉几个茶盏；因为好古，茶盏的形取自唐宋的形制；再因为沉浸于极致的美感，薄薄的盏身上还用浅浮雕细雕出妙曼的飞天和佛手、罗汉等图案。上龙泉青釉和白釉烧制后的茶盏，透着灯光美轮美奂，经茶汤的滋养，盏身分布着不规则开片，古韵里盎然着变化之趣。

吾爱陶瓷，结缘惠风窑，这一缘却结得太深。难怪有友戏称：前世，君怕是龙泉的督窑官！

喔，千百年前的某月某日，老龙窑里窑火微红，松木炭化成雪白的灰烬，窑温慢慢在冷却。吾打马而来，撩起月白长衫，急急忙跨下马镫，众人闪开一条道，吾凑到观火孔前屏住气息观看；装着那尊棒槌瓶的匣钵勾画着标记很是醒目，隔着匣钵，我脑海里尽是它绝美的线条，那肩与颈的弧度，比月下美人的香肩还要妙曼。唉，那雨过天青的妙色，我忍不住叹息，世间这样完美的色相，不该在天子殿前，不该在脂粉宫里，云在青天水在瓶，一草庐、一素案、一可心可对饮的人足矣！心念闪动，谁知已是千年。

于是，今世看见泥土便觉得亲切，那雨后芬芳的土滋味，那青花色、龙泉釉里美茶汤，濡染着昔日的江湖岸芷，一水烟云。

那对饮的人，恰是书得一手丹青狂草，捏得几百般土精泥魂。一窑炉火边，有信手素茗三百盏，有沉水香云细袅袅，有黑白云子闲赌局，也有铁炉栗炭慢煮酒。两个人，只守着那窑里的一只只飞天盏与罐，等着遥远的那抹天青穿越时空，包裹起累世的痴迷。

砚田最爱的句子是：练得身形似鹤形，千株松下两函经；我来问道无余话，云在青天水在瓶。惠风窑无松却有竹，夜深时，月剪竹影，两人凑到观火孔前静看，妙处，相视不可语。

瀹茶记录

用　水：法门寺山泉水

茶　品：1997年景迈小青砖

瀹茶器：晓芳窑仿汝梨形壶、砚田制手工影青佛手高足盏

投茶量：7克

冲瀹法：下投

外　形：褐绿、紧结

汤　色：橘红、明亮

香　气：花香、蜜香

滋　味：浓醇、丰盈

茶　韵：轻烟引素，山水可泼墨

叶　底：柔软，有活性

库木吐喇之河流
小雪
茶席

茶品：2007 年冰岛古树茶

茶盏：仿秘色釉杯

瀹茶器：紫陶壶“息者”
壶承：徐漠制海棠锡壶承

煮水器：银壶“游山”、
商象铜炉

匀杯：玻璃匀杯

茶台：藏颐茶箱

大雪

大雪时节，万物潜藏。养宜适度，养勿过偏。行香取平和之气，吃茶宜行温厚太和之道。

大雪，十一月节。大者，盛也。至此而雪盛矣。

——《月令七十二候集解》

红楼古卷女儿香

20世纪80年代“黛玉茶”（散熟普）
“皇后茶”（红茶）

大雪节令，滇中只是生冷，竟未落下半片雪花。书房里拖出那只古旧的提梁茶盒，看看喝点什么。茶盒里收着些在旁人看来稀奇古怪的茶，1991年的南糯山古茶私玩饼，1985年的凤云茶、红兰茶，1995年的日本煎茶，对了，还有1988年的“黛玉茶”，很久没喝，就是它了。

茶筒里白色纸袋里包裹着的熟散茶，除了熟茶历经时光后特有的陈香，还有了淡淡的药香味。轻轻抖动，茶芽颇多，颇似普洱茶中的“女儿茶”。而得名“黛玉”，正是取意于满纸茶香的《红楼梦》。

曹雪芹是个茶中行家，一卷红楼里林林总总写了几十种茶，普洱茶、六安茶、老君眉、暹罗茶、枫露茶、龙井茶都一一芳名可见。而书中第六十三回《寿怡红群芳开夜宴·死金丹独艳理亲丧》里，关于普洱茶的名段想必大家都不陌生。

那日，林之孝家的查夜来到怡红院，正要和众姊妹们吃酒行令的宝玉赶快说：“今儿因吃了面，怕停住食，所以多顽一会子。”林之孝家的又向袭人等笑说：“该沏些个普洱茶吃。”袭人、晴雯二人忙笑说：“沏了一盄子女儿茶，已经吃过两碗了。大娘也尝一碗，都是现成的。”

这里的“女儿茶”就是普洱茶中的上品，清张弘的《滇南新语·滇茶》载：“滇茶有数种，盛行者曰木邦，曰普洱……普茶珍品，则有毛尖、芽茶、女儿之号……女儿茶亦芽茶之类，取于谷雨后，以一斤到十斤为一团，皆夷女采治，货银以积为奁资，故名。”阮福也在《普洱茶说》中写道：“小而圆者名女儿茶，女儿茶为妇女所采于雨前得之，即四两重圆茶也。”

女儿茶采摘不易，制作也颇费心思。一芽一尖在小女子的指间拈来，小心翼翼，却又满怀喜悦。

怡红院中的宝公子不一定多懂茶，这消食化积的普洱茶，是他身旁那些个伶俐、巧思的女儿们为他备下的。谁呢？晴雯，还是袭人？反正是一盏浸泡着女儿心意的体己茶。

“黛玉茶”是 1988 年中国土产畜产总公司云南省茶叶公司成立 50 周年纪念礼品茶盒里的其中两听之一，银色底的是“黛玉茶”，装的是宫廷普洱熟散茶；还有一听金色底的叫“皇后茶”，装的则是珍品云南工夫红茶，圆筒型的茶筒顶上印着“曼飞龙塔”商标。

两听茶筒上的宝黛饮茶图和“曼飞龙塔”商标都是多年前还在读书时所画。“曼飞龙塔”取材于西双版纳曼飞龙塔。1986 年画它的时候，我还没去过西双版纳，从画报上找了许多资料，一

点一点在纸上勾勒出来，改了很多次才终于成稿。

曼飞龙塔是景洪勐龙镇曼飞龙寨的后山上一座金刚宝座式的群塔，由一座主塔和八座小塔组合而成，独特而优美，看去宛同一丛春笋破土而出，傣家人又把它叫作“塔糯”（笋塔）。以它做云南普洱茶的商标，就是因为西双版纳盛产茶叶的缘故。商标设计好后省茶叶公司在 1986 年注册，一直使用了多年。

“黛玉茶”和“皇后茶”茶筒上的图案是一样的，自小喜读《红楼梦》，于是设想了这样一个场景画了出来：

夏日午后，宝公子小睡醒来，心里挂着林妹妹，起身径直就来到了潇湘馆。隔窗，闻得琴音澹澹，宝玉不忍进去扰了琴音，只立在窗下蕉叶旁静听，那琴声肖似《流水》又多了几分哀怨，宝玉听得暗自神伤，直至琴音末了才推门进去，黛玉正一手抚弦，一手托着香腮神思恍惚，见了宝玉面上一红，忙唤紫娟泡茶，紫娟端上来的便是这一壶女儿茶……

落墨于纸，宝黛的闺阁情事便自此定格在了一袭二十年前的普洱茶香里。

记得当时茶叶公司发了二十元的稿费，那是我第一次领稿费，开心地跑去文具店买了一只中碗口大小、画着青绿山水的竹笔筒，还用毛笔在笔筒底上写上“画之所得购画之所需”的字样。后来搬了几次家，早忘了放哪儿了，再后来发现笔筒竟在父亲书房的案头上，一直用到现在。

时光流转得出人意料地快，现在回头想想，那情景犹在眼前。“黛玉茶”和“皇后茶”的茶筒一直保留着，虽然画得笨拙，但因为是自己最早的作品，就有了份特殊的感情在里面，不过没想到茶筒里的茶，也在无意间也被保留下来了。

书里遥远的爱恋在岁月陈期里愈远愈香，手边的爱情，却也许经不住琐碎的生活磨砺而早就面目全非。女儿心事，在无数的年代里总如茶之缄默，不弃不离，暗地芬芳。

因为是独饮，我挑了只最小的盖碗，轻轻投四克茶进去，那份小心翼翼，像是爱书的人正翻开一册发黄的红楼古卷。

瀹茶记录

用　水：珍茗山泉（经竹炭和麦饭石处理）

茶　品：1988年『黛玉茶』

瀹茶器：釉里红小盖碗

投茶量：4克

冲瀹法：下投

外　形：褐红、宫廷级别

汤　色：琥珀红、明亮

香　气：干荷香、药香

滋　味：甜醇润滑

叶　底：条索完整、有弹性

茶　韵：温婉、酣畅

滇中古韵九道茶

20世纪80年代小熟沱

阳光下的这席茶，宝蓝的手织麻布是从勐海的乡街子上淘到的，农家手织朴素而精巧，布的宽度不过一掌盈余，一条蓝、一条本白，朴拙的质感与宝相青花匀杯的精致不离不弃，却又各占千秋。巧的是，这样的蓝在旧时的昆明被称为“荫丹蓝”，是老年妇女专用之色，斜襟、盘布扣的外衫是城里城外通行的款式，城里的配顶缀着玉片儿的绒帽，城外的则是一方同色的头巾。荫丹蓝布衫下黑色的灯笼裤扎在细细的绑腿里，再往下是一双着描花绘凤绣花鞋的三寸金莲。

老昆明一颗印的四合院里，秋菊刚凋，梅与海棠正孕着花苞，九重葛的枝藤趴在墙头，花红似火如锦。院中的蓝衫女子操持完家事，正教粉团儿般的小女儿在圆圆的竹绷子上挑绣出一朵桃花，她们头顶上四四方方的那片天，必定也是蓝若碧海。

那一堆80年代小熟沱平日储在锡罐里，十多年前那银亮的罐身现如今早褪成了沉着的银灰，上面的梅枝和盖上的“吉幸”图案反倒更显凹凸分明。普洱本不一定得用锡罐来储，不过这小沱用料细嫩，近二十载的陈香早已透纸，不如就让它们在锡罐中以茶养茶，以香培香。

取小沱一只，择三百毫升的紫泥串顶壶，用最传统的昆明九道茶手法来侍弄。快速润茶后，注水不过只及壶的三分之一，盖上闷泡。趁这空当，闭西窗，松炉灰，起香碳，侍印尼水沉。片刻，炉身开始温热，短柄牛角狼毫笔扫尘养炉。心里头算计着壶里汤水正好酽稠，再煮滚水，注满壶内剩下的那两分，轻轻晃动壶身，是为令茶汤均匀。出汤，汤面漾起一层白雾，轻舞着，在盏中旋成了圈。喝一口，石榴红的美色里蕴藏着的是纯粹、干净的阳光味道，是记忆中的特殊味道。

而一个城市的记忆，或许就在一盏一念、一个四合院里的小小天空、一角祖母的蓝布衣衫。

也是冬日，骄阳如今朝，老昆明的书香人家里，别着长烟斗的闲客偶来，一把滇青、一瓣普洱，一只提梁的瓷壶，还是紫砂的蛋包壶？九道简约的泡茶程序，便可消磨到黄昏。微醺出门，月圆如镜，穿过青石板路的巷子，巷口那家老茶铺里的灯光很是明亮，说书人的惊堂木啪的一响，“话说那日薛平贵正在街头看热闹，当空就落下一只绣球来……”

瀹茶记录

用　水：珍茗山泉
茶　品：20 世纪 80 年代小熟沱
瀹茶器：太一紫陶壶
储茶器：吉幸锡罐

一　水：红润明亮，荷香隐约
二　水：色俞艳浓，中膊聚香，绵厚中正
四　水：平衡厚实，丹田与后背温暖
六　水：汤感持续，四肢温暖
八　水：香薄，汤稍淡
九　水：香薄，汤淡，甜绵有续

用　香：印尼水沉（隔碳香熏法）
香　器：铜炉

大雪 茶席

瀹茶器：毛国强制紫砂提梁壶
壶承：大理砖雕饼模

茶盏：20 世纪 80 年代油滴小盏
盏托：紫砂盏托

华食：终南山野生核桃

席布：手织麻布

花器：紫砂六方盆
花材：文竹

茶品：20 世纪 80 年代云南省茶叶公司黛玉茶（熟茶）
茶则：酸枝木茶则（文华木作）

冬至

《后汉书·礼仪志》：冬至前后，君子安身静体，百官绝事……当防寒保暖，调节饮食起居。顺应天时养生修身，阅金经，调素琴，煎佳茗。

冬至，十一月中。终藏之气至此而极也。蚯蚓结。六阴寒极之时，蚯蚓交相结而如绳也。麋角解。说见鹿角解下。水泉动。水者，天一之阳所生，阳生而动，今一阳初生故云耳。

——《月令七十二候集解》

虫争我茶

云南20世纪90年代竹筒茶

虫吃茶？非也，虫吃竹子。

虫和我一起看中的不是一般的竹子，那可是香竹，十五年前的香竹。

谁说过：山间竹笋“咀尖皮厚腹中空”？这香竹节里饱装着的可是一只只褐亮的小圆茶饼。细看小茶饼上条索分明、金毫隐伏。中间还有一条楚河汉界般的凹缝。何用？后面分解。

反正，金黄滑溜的老竹筒除了装茶还像个书斋文玩，我爱屋及乌，可虫偏把它当成美味，一咬一个小眼。一个小眼就散下一点竹沫，落进茶饼里。茶饼缝隙里镶满淡黄的竹沫，抹开来才发现那弯曲的茶芽隐伏着油润的光泽，十来年的滚打，清清楚楚一点不含糊。

1989年，云南省茶叶进出口公司参加在北京举办的首届“茶与中国文化”展示周活动，组织了“云茶苑”茶艺表演队赴京，父亲精心编导创作了白族三道茶、昆明九道茶、阿诗玛罐罐茶艺，与各省茶艺队以及日本的“里千家”茶道同台表演，还专门带了根据西双版纳布朗族青竹茶改良而成的竹筒茶。布朗族做竹筒茶是把晒青毛茶蒸软后塞进香竹筒，在火塘上边烤竹筒边塞茶，茶叶吸收了竹子的味道，制好的竹筒茶就皆俱了茶香与竹香。这别有云南特色的竹筒茶让人们大开眼界，有日本客户当场下单定制了几千筒。

为了饮用时冲泡方便，这批订单的竹筒茶把整筒的散茶改为小圆茶饼，每次可用一到半饼。选用的德宏傣族用来烤糯米饭的上好香竹加上上好茶青，委托德宏的南宝茶厂在1991年特制而成。

手头存下来的这几筒茶没经历过沿海高热高温的天气，没呼吸过带着咸味的海风，算是在身边眼瞅着成熟起来的。看着竹皮由粉青变成浅黄，再熏染成金黄，可就是奈何不了那看不见的竹虫，眼看着竹筒上虫眼一年比一年多了，急呵，这香竹总有一天会被虫们吃空的。

万幸的是虫对茶没什么兴趣，茶的滋味反而随着虫眼的增多而年年丰厚起来。

在一水间试过用不同的茶器冲泡，天寒时用那只老“文革”水平壶，茶汤劲道十足，汤色橙红如霞，含在舌间未及鼓漱便滑下喉去；晴朗下午爱以瓷盖碗冲泡，任香气高扬，看叶片舒展旋伏，在水中一圈圈慢慢渗出茶汁，颜色由浅及深，然后痛快出汤；不同的时节以不同的茶器伺之，看它变化着不同的小性子，其实是引着它的路子合了自己的心情。就像个自己看着长大的孩子，何时会撒娇，何时会听话，把着它的脉呢。

不过，这茶最喜欢滚涨的水，温度越高，茶香也越加肆意发散。冲泡得法时，香与味一道道演绎得稳当而持久，喉间一路凉凉的甘润，深吸上一口空气也是甜的。

有一次，带了去朋友的茶行，打开香茶筒，虫咬的竹粉末便四处纷扬，叫人好不尴尬，幸好朋友知道这茶这虫的来历，并不称怪。大寒天，她用的是只调砂紫砂壶，热茶汤进口，竟出了冰糖甜，青瓷茶盏积蓄香甚妙，兰馨暗绕，让我握着空杯嗅了好久。

对了，那天舍不得喝整饼，我们就是从小茶饼中间的凹缝，轻轻一掰为二。

瀹茶记录

用　水：珍茗山泉（经竹炭和麦饭石处理）
茶　品：1991年竹筒茶（生茶）
瀹茶器：太一紫陶壶
投茶量：6克
冲瀹法：下投
外　形：紧压小圆饼，条索清晰
汤　色：橘红、润亮
香　气：幽兰香、蜜香
滋　味：甜醇润滑、轻涩后回甘持久
叶　底：条索完整，有活性
茶　韵：劲道、绵长

陈香旧梦凤云茶

20 世纪 80 年代红茶“凤云茶”

家里藏有几盒陈年红茶，平时不太舍得喝，曾与茶友小试，滋味香气与新红茶颇有区别，已自成一格。

其中有一盒名曰“凤云茶”，长方纸盒子，蜜红色的底，正面饰双凤图案，下有“珍藏”二字，中茶商标，并注有“中华人民共和国云南省产品”字样，所有文字均为繁体，并有日文标注的冲泡说明。盒上没有生产日期，有钢笔手写的“新太阳 1985”字样。请教过省茶叶公司的专家，此茶是 20 世纪 80 年代销往日本的产品。

是日晴好，取来一瀹。拆开内袋，茶叶显浅褐色，为红碎茶，级别不是很高，有毫尖也有一两条茶梗。细嗅，隐有干荔枝的香气。老铁壶煎水，取茶 7 克以砚田手绘青花盖碗冲瀹，注水后合盖两分钟，出汤，汤色红浓似熟普洱，但明显比熟普洱茶的汤要透亮，玻璃杯的边沿可见一轮金黄。

趁热嗅茶，带一点桂圆甜的气息，红茶的蜜香已然消退。第一泡的茶汤滋味顺滑饱满，桂圆甜里还含了些药香味。第二泡持续前水的厚滑，汤感越发细腻。第三泡，药香里出现果香，舌根微微有一丝淡酸，正好揉在果香里，汤色稍淡转橙金。四水滋味渐薄，第五水便闷了它近十分钟，虽然色消味减，但胶质丰富，茶汤似可咀嚼。

20 世纪 80 年代正是云南红茶的鼎盛期，2006 年曾在临沧拜访滇红的老厂长杨仕宏先生。杨先生回忆，当时外商把云南茶当作“味精”，是看重它浓、强、鲜的特点，因而售价也比一般中小叶种的红碎茶价格高。《云南省茶叶公司志》有记载：1979 年，风庆茶厂的两批红碎茶调往广东口岸，被评为国内质量第一，即被美国 LIPTON 公司以 2650 美元 / 吨的高价买走。1980 年，原箱出口的凤

分 022101-01 唛茶，也以 3160 元美元 / 吨价格售出，在当时国际市场均属高端茶的价格水平。这些云南红碎茶大多是拿去做了拼配，供人们调饮之用，虽有个性被淹没之憾，但也实实在在扬香蓄韵在人们的杯盏间。茶使命，莫如是。

很多人觉得红茶不宜清饮，今日的陈年红茶不复有当年的蜜香，却意外地有了比调饮更丰富的口感。算是偶得，也是时间的造化之功。

瀹茶记录

用　水：珍茗山泉（经竹炭和麦饭石处理）
茶　品：新太阳 1985 年『凤云茶』
瀹茶器：砚田手绘青花鱼乐盖碗
投茶量：7 克
冲瀹法：下投

外　形：浅褐色、红碎茶
汤　色：橘红浓丽
香　气：干桂圆香、药香
滋　味：饱满、甜润
叶　底：条索完整，有活性
茶　韵：陈香、绵长

冬至
茶席
煮冬问枫红

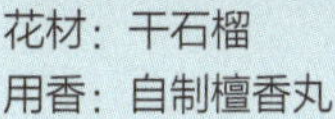

花材：干石榴
用香：自制檀香丸
香器：玉溪窑青花残碗底（青花一束莲纹样）

茶品：2006年湖南益阳茶厂茯砖

煮茶器：铜火钵、陶壶

花器：枯木

茶台：竹排
壶承：龙泉青瓷残盏底

茶盏：砚田制建水紫陶盏

席布：细草帘

茶针：竹茶针
匙搁：玉溪窑青瓷残片

小寒

中医认为寒为阴邪，最寒冷的节气也是阴邪最盛之时，饮食可以温热食物以补益身体。一壶泼辣焦香的『龙虎斗』，霎时便可暖热肚腹。

小寒，十二月节。月初寒尚小，故云。月半则大矣。

——《月令七十二候集解》

暖冬深深煮“黄片”

景迈、易武、勐库
大雪山古树老黄片

近冬，发现茶龄在四至六年的古树茶表现不俗。好几款茶在夏秋之际泛出的苦涩味消减散尽，水路明显细腻甜润，原来暖冬养人也宜茶。

取专泡大叶片的三百毫升清水泥紫砂壶，试泡倮倮茶仓张宗群赠的 2005 年易武古树老黄片，松紧适度的茶饼在冬阳下散着淡蜜香，用茶针起这样的茶饼甚是快意，一枝一叶皆可以完好入壶。头道润茶之水已泛金黄，因老黄片叶片组织厚实，一泡时间稍微拖长几秒，出汤后色泽喜人，似有琥珀蜜光。易武茶本就柔美平衡，这陈年老黄片开泡后不苦不涩，甘甜浓厚，汤感细腻爽滑，比一芽

一叶的滋味更厚实胶着。

四五泡后揭盖看看，壶中的叶片舒展自如，续水再泡，这老黄片耐力非常，十余泡后甜度依旧持续。以前曾试过多款老黄片，发现老黄片也会越陈越香醇，但必须是树龄够年份的茶树上的黄片才好喝、可喝。而在不同的季节和湿度下，茶汤表现有明显差异。

2007 年探访双江勐库大雪山古茶树，下山后在双江县城街头的一家茶店的角落里淘到几饼陈年老黄片，大雪山里有的是树龄在千年的古茶树，不知是谁收集了这些黄片压制成饼，却堆在角落无人问津。茶饼无内飞，外包装是手感稍粗糙，淡黄色的手工纸，纸面渗出几点茶油痕。存至今日，叶片油润，色泽渐深，有些叶片已灿若金叶。仲夏喝时酸味明显。今日也取来对冲，酸气消减，汤色黄澄，并有微微兰香，喉间生清凉感，但耐泡度稍差，与倮倮茶仓易武古树老黄片各有千秋。想起手头还有从景迈带回来的芒景古树老黄片，把它也请将出来对冲。

素以为，茶叶的对冲是识茶的必须，因而才有了把景迈、易武、勐库大雪山古树老黄片同时开汤之举。三只大小一致的瓷盖碗，三只大小一样的玻璃公道，按相同的投茶量同时冲泡，三款茶的特质秉性大概可以一一彰示了。

泡过的易武老黄片叶底，拨到铸铁壶里去，中火慢煮，咕嘟咕嘟煮出一壶甘甜浓厚的茶汤，这也是倮倮茶仓主人最爱喝的一口。

瀹茶记录

用　水：妙高寺山泉
茶　品：景迈、易武、勐库大雪山古树老黄片
瀹茶器：手绘青花盖碗
投茶量：7克
冲瀹法：下投

外　形：褐绿、略红、黄片
汤　色：琥珀红、稠丽
香　气：蜜枣香
滋　味：饱满，有胶质感
叶　底：条索粗大，带少许梗
茶　韵：绵柔

龙虎一会
浅尝微醺

“龙虎斗”

云之南大山里的人们植茶、吃茶已逾千年，山野里的古茶树早已枝干嶙峋，但岁岁年年依旧生发新叶，惠予一方父老。山里人吃茶的习惯稀奇而生态，青竹筒斫之可为煮茶器，也可做饮茶盏；拍打出泥条，在慢轮上捏出带耳小罐，在山坡上的龙窑里用柴火烧出来，便是家家户户必备的茶罐。

这小茶罐高不过三寸，宽不及一握，经过高温出落得一副铮铮铁骨，每日里在火塘边任炭火炙烧，滚水突浇，也不爆裂，倒因为一日日浸透着油烟，多了些古拙味道。

冬日最适宜烤茶，一炉炭火在铜火盆里蕴出紫焰红霞，烤茶罐靠边而放，几分钟就预热起来。投上三四克大叶种晒青散料，提了罐耳，慢慢抖动，茶香就一丝丝冒了出来，再抖再簸，让茶叶的每一个面都受热传香，待到茶香里有了微微焦香，滚烫的沸水浇将进去，金色的茶沫群涌至罐口，却不溢边。再滴上几滴十年的“唐宋”黄酒，翻滚上几分钟，一罐香茶便可开饮。

此茶性烈，茶汤色泽金黄，比同样用冲瀹法的茶汤要色浓味酽许多。每每以此罐罐茶待友，海量惯饮的老茶客直呼过瘾，茶量小的人，吃上一两小盏便要醉了去。

说起醉茶，纳西族的“龙虎斗”可真的是一罐茶里加进了半盅白酒，茶酒相遇无胜负，较真的是饮者的胆量。这茶，我在丽江喝过，无意间喉头一热，片刻周身温暖，才知道它的厉害劲，赶快打住。

茶间滋味，还是行清俭之道。纵使龙虎一会，浅尝微醺恰好。

瀹茶记录

用　水：珍茗山泉（经竹炭和麦饭石处理）
茶　品：麻黑古树茶晒青散料
瀹茶器：烤茶罐
投茶量：7克
冲瀹法：下投
外　形：条索壮实、散毛茶
汤　色：明黄微浊
香　气：焦香、酒香
滋　味：浓烈、微涩、回甘
叶　底：肥厚、完整
茶　韵：丰腴
用　香：『青云』沉香线香
香　器：青瓷炉

小寒
茶席
闻道春还未相识
走傍寒梅访消息

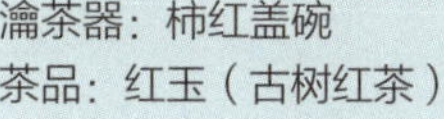

瀹茶器：柿红盖碗
茶品：红玉（古树红茶）

华食：红茶煮黑芝麻汤圆

煮水器：银壶

花器：青花瓷罐
花材：蜡梅

赏石：昆石

盆器：民国刻花石盆

大寒

冬三月，生机潜伏，万物蛰藏，
以防御外邪侵袭和喜怒而安居处，
节阴阳而调刚柔。茶事宜行精俭，静待大地回春。

大寒，十二月中。解见前。……
水泽腹坚。陈氏曰：冰之初凝，
水面而已，至此则彻，上下皆凝。
故云腹坚。腹，犹内也。

——《月令七十二候集解》

炭火香里吃烤茶

大禹岭（冬茶）

冬日清寂，吃茶的方法却丰富。寒冷之季可以煮饮，煮清热润肺的柚子茶，煮甜辣相间的姜普洱；可以用牛奶、蜂蜜调饮暖胃温中的红茶，还可以用普洱生茶、乌龙茶、武夷岩茶来做烤茶。

烤茶的方法是云南民间早就在家家户户流传的，老百姓大部分烤的是晒青茶。变通一下，把民间的烤茶法推而广之到其他茶类。普洱晒青茶自然是烤茶的绝对候选，但半发酵的青茶如乌龙茶、武夷岩茶，经过火温烘焙提香，会使得茶性更加温暖。

十年左右的下关沱茶烤出来汤色橙黄，力道十足，可以反复加水煮，两三年陈期的散毛茶，南糯山、老班章、那卡、邦东的古树茶滋味都很好，但香气很具个性的景迈古树茶烤出来后，焦香气压过花蜜香，反而扰了本味。

台湾高海拔茶园的梨山茶、大禹岭在冬天喝微微有些寒意，在文火上稍微烤烤，相当于一次中度烘焙，喝起来滋味愈发厚实。武夷岩茶本来就经过了焙火的工艺，用烤茶罐加温烤制，和复火工艺有相同之处，又不尽一样。岩茶里的大红袍、水仙、肉桂用来烤后煮饮，火气褪了，香浓韵足，对肠胃还有温暖的作用。

烤茶是件急不得的细致活，茶叶放进去，用手指拎着罐耳在炭火上轻轻抖动，让茶叶在里面翻滚起来受热均匀，烤的时间越长，抖动得也要越勤快，最后的阶段最关键，茶叶既要考得出焦香味道，还不能真就把它烤煳了。烤好后直接把滚水冲进罐子，慢慢煮开就可以大快朵颐了。

云南各地都有烤茶罐，因各地的烤茶习惯不同，在造型上也有差异。香格里拉的黑陶烤茶罐，通身漆黑，偶尔有碎瓷片做装饰。腹部一侧突出，烤茶、煮茶时可以把罐子突出的部分伸进火塘。

新平嘎洒的傣族用慢轮制作烤茶罐，捂在稻草堆里烧制出来，砖

红色的罐身上有网纹，是用木片火麻布印上去的，有着远古红山陶文化的遗韵。临沧的傣族做的烤茶罐也同样用慢轮工艺，但罐形较大。

建水、大理、西双版纳的烤茶罐多半是用民间的土窑烧制出来的，质地相对坚实，因为仍旧使用木材烧制，陶罐上有自然的落灰和窑变。这样的柴烧在台湾、景德镇甚至是日本的陶艺家看来很奢侈，在滇西南一带却是价格便宜，风格朴素，家家户户都使用的家常物件。这些罐子在茶器店里没有，要到各地县、乡的农贸市场火乡街子上去淘。吃茶贵在自然简朴，平时巡游山野时顺便留意一下，就能找到这些可爱又实用的物件。

瀹茶记录

用　水：珍茗山泉（经竹炭和麦饭石处理）

茶　品：大禹岭（冬茶）

瀹茶器：兰若莲华银炙茶罐

投茶量：5克

冲瀹法：下投

外　形：墨绿、紧结、油润

汤　色：金黄

香　气：冷香、微炭火香

滋　味：醇酽、回甘、生津

叶　底：柔软、舒展、有活性

茶　韵：寒韵火攻，冷香可温

用　香：蜡梅香（新鲜梅花瓣）

香　器：青瓷盏

乔木茶梗韵磅礴

老熟茶茶梗

木公，本名周选松，斋号无忧，云南奇人。木公善书，师从著名书家冯国语、李华君，数十年来遍临王羲之、米芾、黄庭坚等行、草、隶书，博览历代碑帖，每日里心摹手追，泼墨不辍。广受书界好评，被称为“云南当代书坛坚守传统、凸显个性的实力派书法家”，一笔周氏行草，遒劲有力、飘逸刚劲。

木公好茶，入深山、探茶海，尝千味，寻百茶，屡有妙思。四五年前同饮，便见他以生熟茶拼配冲泡，今日又以野生乔木茶梗特制一熟茶大饼，一饼便沉甸甸重 2000 克，观其形，亦如木公行书之气韵挥洒磅礴。内里滋味如何？我且开汤一探究竟。

揭开有木公笔意飞扬手书“人生如茶须细品”的洒金宣，再揭开一层厚厚的手工绵纸，一轮茶饼赫然圆似三秋皓月，茶饼压制得并不十分紧，饼面条与茶梗根根分明，褐亮油润，近嗅，有淡淡干荔枝香，

无异味。为使茶梗舒展，特选大号哥窑盖碗，投茶 9 克，滚水冲瀹。

一水：香气醇正，滋味饱满，汤色红稠养眼，微有苦底。

二水：汤水融合更佳，苦淡回甘。

三水：汤质厚稠透亮，气韵中正养和。

四至六水：厚滑柔顺、幽微沉着。

八水：柔顺有续，似还可投壶煮之，饮尽山林幽谷气息。

细观此茶之特点，实在是与这“树之筋骨”的茶梗的作用分不开。《茶叶加工》一书中指出：茶叶的梗茎是茶叶养分和香气的主要输导组织，嫩梗中的茶氨酸含量还高于嫩叶。因而，在熟茶发酵中，拼配适量的茶梗能调和香气与韵味。无独有偶，冷香斋主人也有以茶铫为器的“煮茶梗法”。木公今日集山野灵气之乔木枝叶为饼，取其内敛厚道、甘润温中，一如行云流水般书写前的厚积，积而后发，饮之快哉！

瀹茶记录

用　水：珍茗山泉（经竹炭和麦饭石处理）

茶　品：乔木茶梗

瀹茶器：哥窑盖碗

投茶量：9 克

冲瀹法：下投

外　形：深褐

汤　色：红亮、浓郁

香　气：枣蜜香

滋　味：甜顺、柔和

叶　底：茶梗

茶　韵：内敛厚道

晚来天欲雪
能饮一杯无
大寒
茶席

茶品：琥珀汤（熟茶）
茶盏：汝窑盏

花材：云南山茶（十八学士）
花器：钧窑花盆

瀹茶器：老料紫砂壶
壶承：青花盘

匀杯：紫陶公道杯“善道”（自刻）

茶台：云石小几

煮水器：银壶“游山”

领取一筇看

壬寅年深秋，移居玉案山下。一条路直且宽阔，尽头便可见山脉的一段。如在西安见终南山，在敦煌见鸣沙山。

幼时常随父母、祖母登此山去筇竹古寺，森茂的山路畔，时见背着水具去取山泉的行人。筇竹寺始建于唐，殿内存有几方石碑，明宣德九年（1434）的《重建玉案山筇竹禅寺记》载“玉案山筇竹禅寺，滇之古刹也。爰自唐贞观中，鄯阐人高光之所创也”，“初，光偕弟智，猎于西山，有犀跃出，众逐之，至寺之北壑，失犀所在。仰视山畔，见群僧状甚异常。驰往觅之，又无所睹，惟所持筇竹杖植于林下，众弗能拔。翌日，往视之，则枝叶森然矣。光昆仲于是异之，知其为山灵示显福地也，乃建寺处，以居僧徒，因以‘筇竹’名焉”。碑文记述了筇竹寺建寺得名的传说。中国的寺观大多有些典故。当年见罗汉于山中扶杖，又瞬间消失，而竹杖仍插在地上。次日，筇竹成荫，山中愈发翠微。

庙中又有五百罗汉，左右厢房各占一半。相传为四川黎广修所塑，罗汉们面貌各异，眉骨高于常人，眉长而垂。宽衣广袖，有长臂摘月者，

有扶杖耳语者，还有一尊把胸廓撕开，露出红色的心脏，面目却无疼痛状。昆明有个风俗，去看罗汉时，会按自己当时的年纪数过去，数到哪位罗汉，这位罗汉的面貌性情便是与自己对应的。筇竹原来寺中有一些，后来又植了许多。这筇竹与寻常竹子亦是不同，中实而有节。寺因而得名。

修筑小院，设书斋、茶寮、制陶屋，院中得一流水，水畔筑一小亭，因常于亭边舀水浇花，故借司马光独乐园的“浇花亭”之名。亭中铺了松针，云南古有旧俗，春节时堂屋里用青松针铺地，一家人席地围坐吃年夜饭，清香满屋。茶寮右面是玉案山脉的三华山，距离仅十余公里，每次去妙高寺取泉水，顺路可得松枝数枝，捋下松针铺于亭中。

亭边培土植竹，植的当然是筇竹。那日，竹自昭通大关远道而来，拆去包装，细观根须丰富，土球三十厘米大小，忙挖土埋入，浇上定根水。那几日，特别希望下雨，壬寅年昆明的夏日，气温低于往年，雨水盛丰，一场急雨后，往往又凉下来几度。这样的天气是利于竹子生长的。过了两天，从建水运来的青龙石也到了，萧师送了我一块小的石头，刚好置于竹下。

还是不放心，每日去给竹叶洒些清水。筇竹长得慢，但大概因为

实心的缘故，古人喜拿它来做拐杖。苏轼晚年有一张白描像，戴了凉帽，手拄筇竹杖，竹节隆似算盘珠子。宋人喜以筇竹为杖。黄庭坚就说："金声而玉节，故贯四时而不改其柯。郭子遗我，扶余涧阿。坐则倚胡床棐几，行则随青笠绿蓑。吾衰也久矣，视尔畏友。予琢予磨，百世以俟圣人而不惑，则涪皤不负筇竹。危而不扶，颠而不持，惟筇竹之负涪皤。"

伊水老人朱敦儒又有："先生筇杖是生涯，挑月更担花。把住都无憎爱，放行总是烟霞。飘然携去，旗亭问酒，萧寺寻茶。恰似黄鹂无定，不知飞到谁家。"

梅尧臣笔下的筇竹有斑，却是少有："客初西蜀来，遗我双筇竹。上有红泪斑，断非湘娥哭。尝闻帝魂哀，嚎血滴草木。春露洒更鲜，殷痕侵粉绿。截为扶衰杖，万里出浴谷。今来入我手，君勤意有嘱。"

虚心有节与中实而高节似乎都说得通，一个是中国文人低调谦逊的生命哲学，一个是厚沉低潜的生命观。物之为物，天地造化。本初出于物理性的器官构造，落在文人的眼中，就成了观照之物。人之为人，得天精地气，观云气可知宏变，察地气可知草木生养，格植物而觉己之胸襟。

筇竹在石畔渐渐定根，也发出了些新叶。叶片长者不过巴掌，叶尖收势自然又不陡峭，比斑竹的叶片秀雅。

《史记·西南夷列传》记载：元狩元年，博望侯张骞使大夏来，言居大夏时见蜀布、邛竹、杖，使问所从来，曰"从东南身毒国，可数千里，得蜀贾人市"。大夏在今阿富汗，身毒国在今印度。玄奘和尚的《大唐西域记》卷二里写过：详夫天竺之称，异议纠纷。旧云身毒，或曰贤豆，今从正音，宜云印度。印度之人，随地称国。殊方异俗，遥举总名，语其所美，谓之印度。蜀布、邛竹杖通过“蜀身毒道”也就是南方丝绸之路，自四川到达印度，又销售至阿富汗。是张骞当时未知的一条贸易古道，自西北丝绸之路而来的张骞这次与蜀布、邛竹杖的相遇，对于汉代及后世的对外贸易具有重要意义，邛竹的美名也留在了历史中。

冬去春来，竹叶上看得见风的影子，我在浇花亭的檐角挂了一只铜风铃，每到一个节气，在铃尾的木牌上写字、画画，风的声音就又多了一个形状，春日的阳光照拂过一水间茶寮和书斋，筇竹的新笋冒出来了。

一水间与梦斋

书斋和茶寮是落在人间的梦想。书斋因藏了一方明代的端砚，砚背后刻着“梦斋”二字而得名。茶寮名字仍用了“一水间”，十六年前的一水间择于高楼中，有一方小露台植得竹、蜡梅、菖蒲数盆。一斗室藏茶、器琳琅，亦结缘天下无数爱茶人。

读书和吃茶是历代文人难舍之癖。

明代以前，中国文人专属的茶空间尚未定型。在明代丁云鹏《煮茶图》里描绘了一位坐于紫檀嵌螺钿榻上的煮茶人，旁边高大挺秀的白玉兰树下有一太湖石，设一竹茶炉，而茶寮的概念未见表达。

自古吃茶的空间一种是公开的，一种是具有私密性的。前者面对大众，后者多为文人之所。唐代已有煮茶卖茶的店铺，唐代《封氏闻见记》载：“自邹、齐、沧、隶，渐至京邑，城市多开店铺，煮茶卖之。不问道俗，投钱取饮。”宋代叫作茶肆，《梦粱录》记载：“今杭州城茶肆亦好之，种四时花，挂名人画，装点店面，四时卖奇茶异汤。”《清明上河图》中的汴梁城也绘有茶坊饮茶的画面。

文震亨在《长物志》中说：“均一斗室，相傍山斋，内设茶具，

教一童专主茶役，以供长日清谈、寒宵兀坐，幽人首务，不可少废者。”许次纾的《茶疏》在《茶所》一篇中这样描述：“小斋之外，别置茶寮。高燥明爽，勿令闭塞。壁边列置两炉，炉以小雪洞覆之。止开一面，用省灰尘腾散。寮前置一几，以顿茶注、茶盂，为临时供具。别置一几，以顿他器。旁列一架，巾脱悬之，见用之时，即置房中。斟酌之后，旋加以盖，毋受尘污，使损水力。炭宜远置，勿令近炉，尤宜多办，宿干易炽。炉少去壁，灰宜频扫。总之以慎火防熟，此为最急。”张谦德《茶经》中也有“茶寮中当别贮净炭听用”“茶炉用铜铸，如古鼎形，……置茶寮中乃不俗”。

造园的兴起促进了文人茶寮的出现，在文徵明的《品茶图》里，松荫之下，书斋与茶寮的模式已经出现，画面中主客二人对坐于书案清谈，旁边另辟一屋，明亮通透，屋中无多余之物，临窗一童子正在青灰色的风炉上煮水，身侧有装茶叶的瓷罐。画中文徵明自题“碧山深处绝纤埃，面面轩窗对水开。谷雨乍过茶事好，鼎汤初沸有朋来”。诗后跋文：“嘉靖辛卯，山中茶事方盛，陆子传过访，遂汲泉煮而品之，真一段佳话也。”

在构思时想把书斋和茶寮按明代的文字所描述来进行构筑，朴相建筑设计事务所的杨雄先生主持设计，小院三面浇铸了混凝土清水墙面。清水混凝土既古老又现代，最早的混凝土甚至可以追溯到新石器时代甘肃天水秦安大地湾的宫殿式建筑。1978 年，考古人员在秦安发现了面积为 130 平方米的灰青色坚硬平滑的地面。经过鉴定，这片地面含有与现代混凝土相同的“硅酸钙”成分，平均抗压强度为每平方厘米 120 公斤，相当于今天 100 号水泥砂浆地面。

清水混凝土本身的肌理、质感质朴自然，不规则的小气孔日久会生出苔藓，雨水冲刷后会有屋漏痕的味道。

墙下是苔，苔上置石、竹。茶寮和书斋中的格栅门可尽数推入墙的夹层。如文徵明《品茶图》里的开阔明亮。书斋中一小书桌、茶寮里一张长茶案，茶案的高度降低，令作者松弛自主。请木工李师傅将桌面手工做出水面涟漪的肌理后，上黑色的亚光漆，光线从格栅门照进来时，乌润又波光粼粼的变化，把茶汤的汤色衬托得饱满油润，茶

器物的形状也会在逆光时凸显轮廓的美感。茶案边紫陶柴烧的水缸放在有覆莲纹的石礅上，避免直接接触地面，日久了有湿气。水缸里储了山泉，炭缸置于书斋到茶寮的地方。

茶寮地面想用质地好一些的青砖，无锡的造园家华雪寒老师推荐了苏州的御窑金砖。金砖其实是质量上好的青砖，因为“断之无孔，坚硬如铁，敲之有金石之声”而得名。苏州相城区陆慕镇世代烧窑。这里的土黏而不散、粉而不沙，特别适合做砖。相传永乐年间，朱棣大兴建筑，受益于苏州香山帮的力荐，陆慕砖从民用到了殿前，被特赐“御窑”。据说金砖的制作烦琐，需历时一年并经过二十九道工序，春天练泥、制坯，夏秋阴干，冬天烧窑，一年只出一窑。金砖铺好后为防止返碱，又打磨抛光，让砖面有了内敛又润滑的质感，恍若踏足历经百十年的古老地面之上。白墙青砖，书斋、茶寮其实用物极简，这样反而能令人专注书本和茶汤。

世事不过一梦，梦斋从念想到一点点的落实，待落成后的茶香满室追溯曾经的空旷，恍若如梦；从年少到如今，昨日即逝，明日未生，恍若如梦；天地悠悠，念过往万千，恍若如梦。

一水间是“盈盈一水间，脉脉不得语”，也是“星汉迢迢一水间”，是天一生水，万物萌觉；“水曰润下”，春风化雨，滋养万物，润泽助人。是手中的泉，渠里的天光云影，茶的回归之门。

泉石之癖

茶寮中本无山川沟壑，浩渺烟波，“归云”来了，就有无垠沧海。

素有泉石之癖，茶寮动工之前，就想着要去寻一方石头。茶寮的院落并不大，当还是可容一拳之石。

初春到建水制陶，闲暇时在老巷子里和李儒慧老师伉俪一起吃饭，无意间聊起石头，李老师说起朋友肖先生在城外有个园子，多年一直收集石头。一听，觉得应该去看看，饭毕我们就驱车出城。园子里奇石层叠，一眼就被院子中间的一方青灰色石头粘住了目光。此石中有奇巧孔窍，大者盈尺，小者寸许。中间三孔洞连，下雨时可得叠泉之趣。石筋横折起伏，三山五岳、百洞千壑，尽在其中。且大小正与心目中尺寸相符。得知为“青龙石”，与湖石多有相似。北宋赏石大家米芾曾提“瘦皱漏透”四字相石法，此石皆可借得一二。昔日曾访苏州城外和山东临朐的奇石市场都未见有这样的石头。当即订下此石，主人肖先生洒脱，不要定金。茶寮装修缓慢，一年多后才运石到昆明，可谓一诺如金。

运石之日是壬寅年七月七日，提前两天定了平板货车到肖先生的园子。黄昏时分，被告知石至昆明城中。车刚停下，我迫不及待地攀上吊车去看，为防路途中摇晃，石头下还垫了不少土袋，石头完好，请了早已等候的三十米吊臂的吊车慢慢把它放到小院草地上。石君安坐，才放下心来。仔细端详，百仞一拳，千里一瞬，坐而得之。

想起宋人石痴最多，而更早的与贾岛齐名的唐人姚合写过一首《买太湖石》，亦有此心境：

我尝游太湖，爱石青嵯峨。波澜取不得，自后长咨嗟。
奇哉卖石翁，不傍豪贵家。负石听苦吟，虽贫亦来过。
贵我辨识精，取价复不多。比之昔所见，珍怪颇更加。
背面淙注痕，孔隙若琢磨。水称至柔物，湖乃生壮波。
或云此天生，嵌空亦非他。气质偶不合，如地生江河。
置之书房前，晓雾常纷罗。碧光入四邻，墙壁难蔽遮。
客来谓我宅，忽若岩之阿。

青龙石这个石种，在《云林石谱》和《素园石谱》上都未找到，抑或是从国内其他产石的地方运来？建水当地人说，就是本地周边山上所出，确实在建水也多次见到其他同样质地和石色的青龙石。建水一带远古湖泊很多，曾被称作“惠历”和“步头”。“步头”指的是水边的码头，而“惠历”则是彝语里大海的意思。石灰岩质的石头经过无数年水流的冲刷而成，石面多坳坎，不逊于洞庭太湖石。

宋代杜绾所撰《云林石谱》，“所载石头产地范围甚广，达到二十八个州、府、军、县和地区，以省来区分，其中江西奇石十七种，浙江十六种，湖南十种，河南九种，山东和湖北各八种，江苏七种，

四川六种”。宋人孔传为这部专著作序时曾写道：“窃尝谓陆羽之于茶，杜康之于酒，戴凯之于竹，苏太古之于文房四宝，欧阳永叔之于牡丹，蔡君谟之于荔枝，亦皆有谱，唯石独无，为可恨也。云林居士杜季阳，盖尝采其瑰异，第其流品，载都邑之所出，而润燥者有别，秀质者有辩，书于简编，其谱宜可传也。”《云林石谱》中未提及云南的石头，或许和《茶经》中没有写到云南茶是一样的原因？

云南有一种石头倒是历来就为士人所重，那是点苍山的大理石，苏州留园的“三宝”，一为五峰仙馆楠木殿，一为云南大理石屏，一为太湖石冠云峰。道光年间任云贵总督的阮元，对大理石极有研究，自号苍山画仙，曾作专著《石画记》，赞叹“惟此点苍石，画工不得比”“始叹造化石，压却绢与纸”。而早在宋代，阮元的《大理石屏正面立看合疏影横斜水清浅，背面横看合暗香浮动月黄昏》诗就提到出自苍山的大理石：“疏影暗香交水月，若教作画颇难工。谁知和靖诗心在，透入苍山石骨中。清浅倒垂枝掩映，黄昏斜倚气朦胧。妙从不甚分明处，两面纵横觅句同。”彼时，宋人用大理石做画屏。明代文震亨在《长物志》中称大理石“出滇中，白若玉、黑若墨为贵。白微带青，黑微带灰者，皆下品。但得旧石，天成山水云烟如米家山，此为无上佳品”。李日华则记：“大理石屏所现云山，晴则寻常，雨则鲜活，层层显露。物之至者，未尝不与阴阳通，不徒作清士耳目之玩而已。”恰好年前淘得一块长方形旧大理石板，石面山水云气或聚或散，有“残云归太华，疏雨过中条”之趣，可惜残了一角。拉到大观楼旁的石材市场，请人将中间改为圆形小桌面，余下边条解了小长条，做茶席之用。又将圆形小桌面运到木工工作室，请李华师傅做成小茶桌，置于浇花亭中。旧物可用，又可宝用若干年，也确是“残云归太华”。

泉石之癖，如影随形。在苏州得了几方英石，在青州寻到一尊玲珑有致的青州石，又在别处得了两方昆石雪花峰，用白细砂将它供于古铜方盆。有一日落日黄昏时，在敦煌与新疆接壤的雅丹拾得一灰白色的石山子，火山岩的质地，不知经过了多少年的风沙磨砺，起伏凹曲，令人称奇。还记得那时大漠的落日，风啸旷野，像是去了另外的宇宙，一种深入骨髓的大寂寞。抱着沉甸甸的石头走下山坡，落日在身后被夜色霎时覆盖，沙漠归于黑暗，手中石头的重量莫名地令人心安。

在建水还寻到过几方小品石，有次爬上西门外一家卖石头盆景的店家二楼露台，寻得一石，四周骤起莲峰，中间低洼处自成一池。颇似明代林有麟《素园石谱》里曾归吴门书画家沈周的“小钓台”，“拾得严陵小钓台，自然汉水洗尘埃”。店家随意扔在墙边，四十元便卖与我，捧回来注入清水，无漏。心想若寻得碗莲中最小的品种植于水面，可称“小莲池”。

在我眼中，“归云”石君仿佛是一位冥冥中的旧友，“人谓石不能言最可人，誉其有真韵。其本无真韵，人故以真才真情胜之，其调弗同也”。梦斋外，时晴，伏案可时时对望。玉案山为屏，一水间为源，“爱山久城癖，筑室依山阿。指山作屏障，日玩青嵯峨”。不敢亵玩，只可敬也。

茶寮之藏

茶寮用度皆与茶相关，茶叶储存自不必说，避开会令茶叶加速氧化的阳光，保持空气的湿度，调整空气流通。昆明气候干燥，春天雨季到来之前往往就是30%左右的湿度，对于黑茶类特别是普洱茶来说，转化会缓慢，茶汤也会不够细滑。所以储茶置于茶寮里距离阳光最远的地方，空气湿度在50%—60%。

茶寮里的木炭也是要备好的，《茶疏》中所述“炭宜远置，勿令近炉”，是为了安全，也是保持煮茶的炉具周边整洁与便利。木炭初烧制好时爆性极大，养上一段时间才利于生火，装炭用了一只早年在腾冲淘回来的陶瓦缸，民间的柴窑，挂了酱釉，疏落地印了一圈梅花图案。腾冲到昆明六百多公里，或许是路上震到瓦缸底，回来装水时才发现渗水，就拿来做了炭缸。炭缸里的菊花炭需要在用前用小锤敲好，太大的炭虽然燃烧时间长，但茶寮炭炉一般较小，容易放不平整，从而影响烧水壶的稳定放置。有时，茶尽，炭还没有燃完，用火钳取到冷水处浇灭，再放到浅篮中，在阳光下晒干，昆明气温温和，但阳光炽热，不到一天工夫，炭块干燥，用起来也更干净易燃。

顾元庆的《茶谱》里装炭的器物叫“乌府”，盛水缸唤作“云屯”。

一水间的“云屯”用了两只，在建水专门定制的柴窑青釉大缸放在院子一角，把从妙高寺和其他地方取回的泉水储养起来。另外一只小的紫陶柴烧的置于茶案旁，两只缸的底部都放了麦饭石和竹炭。舀水的瓢原来用过竹勺，但容易发霉，就换作了丽江手工敲打的黄铜水瓢。

茶事自古重水，精茗蕴香，借水而发，无水不可论茶也。

《大观茶论》记载，“水：水以清轻甘洁为美。轻甘乃水之自然，独为难得。古人品水，虽曰中泠惠山为上，然人相去之远近，似不

常得。但当取山泉之清洁者。其次，则井水之常汲者为可用。若江河之水，则鱼鳖之腥，泥泞之污，虽轻甘无取”。

古人不仅讲究水源、取水之法，也讲究水的储存。所以才有红楼梦中妙玉冷笑道：“你这么个人，竟是大俗人，连水也尝不出来。这是五年前我在玄墓蟠香寺住着，收的梅花上的雪，共得了那一鬼脸青的花瓮一瓮，总舍不得吃，埋在地下，今年夏天才开了。我只吃过一回，这是第二回了。你怎么尝不出来？隔年蠲的雨水哪有这样轻浮，如何吃得。”水的轻浮不似人的轻浮，反而是个褒义词。活、甘、轻、滑是在喉间舌面的感觉，茶汤好不好喝，茶遇上水是不是还活、甘、轻、滑，是茶人极为关注。所以茶事之前，择水便是首要。

《蝶阶外史》中的玻璃瓮写得妙趣横生：“工夫茶，闽中最盛。茶产武夷诸山，采其芽，窨制如法。友人游闽归，述有某甲家巨富，性嗜茶，厅事置玻璃瓮，三十日汲新泉满一瓮，烹茶一壶，越日则不用。移置庖湢，别汲第二瓮。备用童子数人，皆美秀，发齐额，率敏给供炉火。炉用不灰木，成极精致，中架无烟坚炭，数具，有发火机以引火光悴之，扇以羽扇，焰腾腾灼矣。”现在几乎没有用玻璃瓮储水的，置储水缸一般选金属、陶瓷，金属需要比较纯的银和高品位的锡来制造才比较安全，但是价格不菲。瓷缸不透气，不利于滋养水的活性。紫陶缸置于茶寮中，可育水，又不易滋生细菌，可将大桶的山泉、纯洁水储存起来，个人经验还可以放清洁过的竹炭和麦饭石，存放多日从未见水质腐败，水底的竹炭和麦饭石也未见发霉或者长青苔。

后 记

十年的光阴如流水，在飘浮的尘世里逝去。回头去看，行走过的地方，吃过的茶，模糊而清晰。在每一个时间里，尽力去走，如同在巨大而苍绿的密林里，凭借树荫间隙的天光，分辨着苔石、枯叶和伸向远方的路径。而愈走，这森林愈发盛大，飞鸟盘旋，羽翅斑斓。阳光撕开树荫，生命的迹象无法捉摸，在时代里朝未知处奔去，而个人愈发渺小。

稀缺而珍贵的品格，在看似喧嚣的四野里独立于世。许多年过去了，根基好的茶默默成就着它内在的丰盈，像美德。但偶尔也会有意外，一阵温度、湿度的改变就使得一切消失殆尽。成熟，就是看透生命真相之后依然保有的热情和良善。这一切或者就是初心，孩童般的喜悦，天真烂漫。所谓“士人有百折不回之真心，才有万变不穷之妙用”，而善与慈悲会是我们在这个洪流里最大的坚持和习茶的意义。

守在家足不出户的日子里，一天午后煮泉瀹茶。沸水注入茶壶，汤面凝结氤氲，如云气凝聚，微微浮动。凝视间，这汤面或者就是大地与天空间的张弛，若聚又离，但始终有无形的力量令它胶着不散。天空和大地的距离在茶汤中忽然拉近，如立于千年古茶树下，树叶触碰苍天，树根拥紧泥土，茶叶、茶汤本就是在其间通过身体引导我们的性灵去贴近自然之道。那一时，百鸟鸣唱。

癸卯夏至　迎新于一水间茶寮